"十四五"职业教育国家规划教材

网站建设与管理
（第2版）

主　编　黄利荣　贺辉平
副主编　林康权　喻　铁　陶　建

北京理工大学出版社
BEIJING INSTITUTE OF TECHNOLOGY PRESS

内容简介

本书案例设计循序渐进、逐步深入，有利于网站建设与管理的初学者快速入门。本书内容包括网页制作概述、站点管理、超级链接、框架、表单、模板、CSS 层叠样式表、网页布局、响应式网页、网站管理与维护 10 个项目，先后编辑"省运会""我爱美食网""继续教育网""表单""红酒网""诗经赏析网""阳光小学网""仿汽车之家首页""仿凤凰网"等内容。每个项目分为项目概述、学习目标、核心知识、项目实施、进阶提高和课后练习六部分，以 Dreamweaver CC 2018 作为网页编辑环境，通过实施项目引导学生完成教学任务，并熟悉域名申请、网站备案、租用服务器、网站编辑、上传网站和推广维护等操作流程。学生可根据自身知识掌握情况，分别在 Dreamweaver 设计视图、拆分视图和代码视图中学习网页编辑，逐步了解常用的网页标签，循序渐进地提高学生编辑 DIV+CSS 标签的能力。

本书内容丰富、结构清晰，有利于初学者掌握网站编辑的相关知识与技能，而且同步配套课后延伸平台，让初学者在学习过程中达到寓教于乐的目的。

版权专有　侵权必究

图书在版编目（ＣＩＰ）数据

网站建设与管理 / 黄利荣，贺辉平主编. -- 2 版
. -- 北京 : 北京理工大学出版社，2019.10（2024.1 重印）
　ISBN 978 - 7 - 5682 - 7803 - 4

Ⅰ. ①网… Ⅱ. ①黄… ②贺… Ⅲ. ①网站建设
Ⅳ. ① TP393.092.1

中国版本图书馆 CIP 数据核字（2019）第 251502 号

责任编辑：张荣君	**文案编辑**：张荣君
责任校对：周瑞红	**责任印制**：边心超

出版发行	/ 北京理工大学出版社有限责任公司
社　　址	/ 北京市丰台区四合庄路 6 号
邮　　编	/ 100070
电　　话	/ （010）68914026（教材售后服务热线）
	（010）68944437（课件售后服务热线）
网　　址	/ http：//www.bitpress.com.cn

版 印 次	/ 2024 年 1 月第 2 版第 5 次印刷
印　　刷	/ 定州启航印刷有限公司
开　　本	/ 787mm×1092mm　1/16
印　　张	/ 10.5
字　　数	/ 245 千字
定　　价	/ 35.00 元

图书出现印装质量问题，请拨打售后服务热线，负责调换

前言 Preface

"网站建设与管理"是中等职业学校计算机相关的专业课之一。本书根据中等职业学校计算机相关专业教学大纲、"网站建设与管理"课程标准和中高职衔接"3+2"人才培养方案,结合作者多年教学研究经验和企业应用案例编写而成。全书以就业为导向,重现职业场景,紧扣岗位需求,在项目化教学过程中让学生多动手、多参与,充分调动他们的学习兴趣,逐渐提高他们的网站编辑能力,并培养他们的自主创新能力。

本书内容符合中职学生具体学情,并由浅入深、循序渐进地组织教学。教学案例切合实际,真实性强。全书分为10个项目,具体结构如下。

项目1主要介绍了网页的基本概念和超文本标识语言HTML5,主要完成如何新建网页、编辑简单的文本和在浏览器中预览网页。

项目2到项目9是静态网页编辑内容,其中项目2到项目6分别介绍站点管理、超级链接、框架、表单、模板等知识点,先后完成了"省运会""美食网""继续教育网""红酒销售网"和"阳光小学网"等网站项目。让学生在做项目过程中了解常见的网页标签,并根据自己的学习情况自主选择使用"设计视图"或"代码视图"编辑网页,学会灵活运用各个标签。项目7介绍了CSS层叠样式表,借助Dreamweaver图形界面功能,既可以在Dreamweaver设计视图中快速定义CSS样式,也可以在代码视图中手动编辑样式,在实际操作"阳光小学网"中加深他们对CSS+DIV标签的理解与应用。项目8介绍了常见的网页布局方式,包括浮动、定位布局、多列布局等,让学生灵活运用各种布局方式对网页进行排版,最后综合应用网页编辑技巧完成"肯德基网站导航条""菜单""家常菜推荐"和"汽车之家"的案例。项目9介绍了响应式网页,使用@media查询设置断点、移动端优先、屏幕方向设置等,并介绍了前端框架Bootstrap,最后完成"招生就业页""两款车型对比响应式表格""仿凤凰网"的案例。

项目10根据网站制作的基本流程，介绍了网站后期的制作过程。通过在"西部数码"网上申请域名、网站备案、租用服务器、上传网站等操作，让学生熟悉网站制作的全过程。

本书详细剖析了网站的编辑方法和设计思路，有利于中职学生快速提高网站编辑能力，为进入高职院校进一步学习WEB前端高级教程奠定坚实的基础，主要特点如下。

● 针对中职学生的特点开展教学，借助Dreamweaver强大的图形界面功能，从设计视图入手编辑网页，逐步转入代码视图，便于循序渐进地掌握网站编辑方法，实现快速入门。

● 书中采用项目化教学，每个项目在内容上包括项目概述、学习目标、核心知识、项目实施、进阶提高和课后练习6个部分，让学生了解项目内容，明确学习目标。通过几个小实验来实施项目，在实际操作中掌握域名申请、网站备案、租用服务器、网站编辑、上传网站和推广维护等网站建设操作流程，逐步达成教学目标。

● 本书提供了配套的教学课件、微课视频、课后习题等教学资源，便于学生全面掌握各个项目的操作过程，身临其境地体会课堂实训的过程，真正提高网站编辑操作能力。

● 本书的最大特色在于同步配套了课后延伸平台。为了适应移动教学互动沟通的要求，让学生可以随时随地进入微信企业号"教学互动"参与课后延伸学习、讨论和互动。同时，也可在智慧职教MOOC学院查阅教材同步视频。

本套教材由黄利荣、贺辉平担任总主编。黄利荣教授参与了整体教材框架设计，对全套教材的技术细节做了把关，贺辉平负责各个项目的编写和统稿，同时，林康权、喻铁也参与了教材的编写工作。本书得到了广东省教育科学规划项目的专项支持，企业一线前端开发人员陶建参与了项目任务设计并给予了全程指导，还提出了这么多宝贵的意见，在此表示忠心感谢。欢迎大家登录www.bitpress.com.cn下载各章节素材、学习相关知识和在线互动。

由于作者学识所限，加之时间仓促，书中难免存在不妥之处，恳请广大读者提出宝贵的意见和建议。

目录 Contents

项目 1　网页制作概述 ·· 1
　　1-1　项目概述 ··· 1
　　1-2　学习目标 ··· 1
　　1-3　核心知识 ··· 1
　　1-4　项目实施 ··· 7
　　1-5　进阶提高 ··· 10
　　1-6　课后练习 ··· 12

项目 2　站点管理 ·· 14
　　2-1　项目概述 ··· 14
　　2-2　学习目标 ··· 14
　　2-3　核心知识 ··· 14
　　2-4　项目实施 ··· 17
　　2-5　进阶提高 ··· 22
　　2-6　课后练习 ··· 25

项目 3　超级链接 ·· 27
　　3-1　项目概述 ··· 27
　　3-2　学习目标 ··· 27
　　3-3　核心知识 ··· 27

	3-4	项目实施	29
	3-5	进阶提高	35
	3-6	课后练习	37

项目 4　框架 ········· 39
    4-1　项目概述 ········· 39
    4-2　学习目标 ········· 39
    4-3　核心知识 ········· 39
    4-4　项目实施 ········· 41
    4-5　进阶提高 ········· 44
    4-6　课后练习 ········· 46

项目 5　表单 ········· 48
    5-1　项目概述 ········· 48
    5-2　学习目标 ········· 48
    5-3　核心知识 ········· 48
    5-4　项目实施 ········· 50
    5-5　进阶提高 ········· 53
    5-6　课后练习 ········· 58

项目 6　模板 ········· 60
    6-1　项目概述 ········· 60
    6-2　学习目标 ········· 60
    6-3　核心知识 ········· 60
    6-4　项目实施 ········· 62
    6-5　进阶提高 ········· 67
    6-6　课后练习 ········· 72

项目 7　CSS 层叠样式表 ········· 74
    7-1　项目概述 ········· 74
    7-2　学习目标 ········· 74

7-3	核心知识	74
7-4	项目实施	81
7-5	进阶提高	89
7-6	课后练习	98

项目 8　网页布局 ·········· 100

8-1	项目概述	100
8-2	学习目标	100
8-3	核心知识	100
8-4	项目实施	101
8-5	进阶提高	107
8-6	课后练习	116
9-1	项目概述	118

项目 9　响应式网页 ·········· 118

9-2	学习目标	119
9-3	核心知识	119
9-4	项目实施	123
9-5	进阶提高	134
9-6	课后练习	145
10-1	项目概述	146
10-2	学习目标	146
10-3	核心知识	146

项目 10　网站管理与维护 ·········· 146

10-4	项目实施	150
10-5	进阶提高	153
10-6	课后练习	156

参考文献 ·········· 157

项目 1　网页制作概述

1-1　项目概述

本项目主要介绍网页、网站、浏览器、网页编辑器、HTML 结构等基本知识，借助 Dreamweaver 强大的图形界面功能，可快速地新建、编辑和预览网页效果。请在学习相关知识的基础上，在 Dreamweaver 中新建、编辑、保存和预览我的第一个网页"自我介绍"，勇敢尝试，积极探索，编辑完成"古诗赏析"网页，重温源远流长的唐诗宋词，领悟中华民族的优秀传统文化。讲好中国故事，传播好中国声音，增强中华文明传播力影响力，推动中华文化更好走向世界。传承中华文明，增强实现中华民族伟大复兴的精神力量。

1-2　学习目标

本项目学习目标如表 1-1 所示。

表 1-1　学习目标

知识目标	技能目标
·理解网页、网站、浏览器等相关知识 ·了解常用网页编辑工具 ·掌握 HTML 结构	在 Dreamweaver 中新建、编辑和预览网页，编辑简单的文本，完成"自我介绍"和"古诗赏析"网页

1-3　核心知识

1-3-1　网页和网站

网页是在互联网上基于 HTTP 协议传播信息的页面，一般称为 HTML 文件，是一种可以在 WWW 上传输、能被浏览器解析并显示出来的文件。构成一个网页的最基本元素有两个：文字与图片。除此之外，网页的元素还包括表格、多媒体、超链接、表单、网页特效等。同一主题的多个网页集合就形成了网站，网页是构成网站的基本元素。

1-3-2 静态网页和动态网页

通常看到的网页大都是以 .htm 或 .html 后缀结尾的文件。除此之外，网页文件还有以 .cgi、.asp、.php 和 .jsp 后缀结尾的。目前，网页根据生成方式，大致可以分为静态网页和动态网页两种。

静态网页是网站建设初期经常采用的一种形式。网站建设者把内容设计成静态网页，访问者只能被动地浏览网站建设者提供的网页内容。静态网页内容不会发生变化，除非网页设计者修改了网页内容，因此不能实现与网页浏览者之间的交互功

图 1-1 静态网页的工作原理

能，其信息流向是单向的，即从服务器到浏览器，服务器也不能根据用户的选择调整返回给用户的内容。静态网页的工作原理如图 1-1 所示。

动态网页的出现弥补了静态网页在交互方面的不足，以 .php、.asp、.jsp 后缀结尾的网页都是采用动态网页技术制作出来的。动态网页其实就是建立在 C/S 或 B/S 架构上的服务器端脚本程序，以 B/S 为例在浏览器端显示的网页是服务器端程序运行的结果。

静态网页与动态网页的区别在于 Web 服务器对它们的处理方式不同。当 Web 服务器接收到对静态网页的请求时，服务器直接将该页发送给客户浏览器，不进行任何处理；如果服务器接收到对动态网页的请求，就从 Web 服务器中找到该文件，并将它传递给一个称为应用程序服务器的特殊软件扩展，由它负责解释和执行网页，并将执行后的结果传递给客户浏览器，如图 1-2 所示。

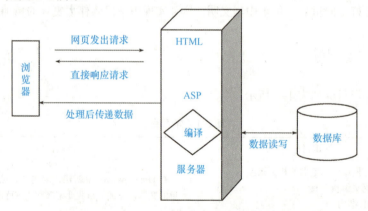

图 1-2 动态网页的工作原理

动态网页一般以数据库技术为基础，可以大大降低网站维护的工作量。动态网页可实现与用户的交互功能，它并不是独立存在于服务器上的网页文件，只有当用户请求时服务器才返回一个完整的网页，从而可以实现更多的功能，如用户注册、用户登录、用户管理、订单管理等。

网站制作的常用工具有很多，如 Dreamweaver、Flash、Photoshop、Coredraw 等，这些软件都是相辅相成的。其中，Dreamweaver 用来排版布局网页和站点管理，Flash 用来设计精美的动画，Photoshop 和 Coredraw 用来处理网页中的图形图像。仅仅学会网页制作

工具是远远不够的，要制作实用的网页就需要了解 Web 前端网站技术，如网页标记语言 HTML5、CSS 层叠样式表、网页脚本语言 JavaScript、浏览器对象、文档对象和语言 PHP 等。

1-3-3　浏览器

浏览器是一种可以显示网页内容，并让用户与之交互的软件。浏览器的核心部分是 "Rendering Engine"，即"浏览器内核"，负责对网页语法的解释（HTML、JavaScript）并渲染显示网页。所以，通常所谓的浏览器内核也就是浏览器所采用的渲染引擎，渲染引擎决定了浏览器如何显示网页的内容以及页面的格式信息。不同的浏览器内核对网页编写语法的解释不同，因此同一网页在不同内核的浏览器中渲染效果也可能不同，这就需要网页编写者在不同内核的浏览器中测试网页的显示效果。

常见的网页浏览器有 Internet Explorer、Opera、Firefox、Chrome 和 Safari。在激烈的市场竞争中 Internet Explorer 份额逐渐减少，Google chrome 在 2012 年 8 月的市场份额正式超过 IE 浏览器，跃居第一。2016 年 2 月，Opera 被 360 和昆仑万维收购。

版本较低的浏览器可能存在兼容性问题，一些框架中封装了解决浏览器兼容性问题的方法，如 JQuery 框架的使用不但可以解决兼容性问题，还可以提高效率。网页编写者也可能在不用框架下编写解决兼容性的函数或直接引用解决兼容性问题的函数。随着浏览器的不断更新和语言的不断规范，兼容性问题在未来很可能就不会存在了。

1-3-4　网页编辑工具

常用的网页编辑工具有 Webstorm、NotePad、Eclipse、Text sublime、Dreamweaver 等，本书使用 Dreamweaver CC 2018 作为网页编辑器，可通过其强大的图形界面功能快速编辑网页并浏览网页效果，如图 1-3 所示。Dreamweaver CC 2018 是由 Adobe 公司最新开发的一款强大的可视化的跨平台和跨浏览器的网页编辑、网站管理为一体的专业软件，集代码视图、拆分视图和设计视图于一体，其图形用户界面更利于网页初学者快速入门。

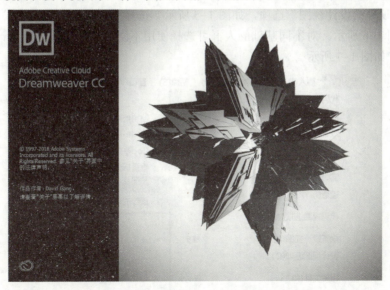

图 1-3　Dreamweaver CC 2018 界面

默认的 Dreamweaver CC 2018 软件界面为黑底白字，通过菜单栏的"编辑"|"首选项"

命令，可打开"首选项"对话框。在"首选项"对话框中，设置应用程序主题颜色，可选择黑色、深灰、浅灰、白色背景等，如图1-4所示。

图1-4 "首选项"对话框

Dreamweaver CC 2018的工作窗口主要包括功能菜单、文档工具栏、文档窗口、状态栏、属性面板、功能面板等，选择菜单栏的"查看"|"拆分"|"Code-Design""水平拆分""顶部的设计视图"选项，如图1-5所示。选择"查看"|"查看模式"|"设计"选项，如图1-6所示。对不同基础的人群可选择使用不同的界面功能，使设计工作更高效、便捷，如图1-7所示。

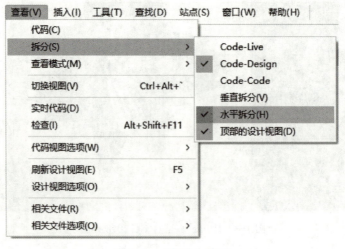

图1-5 "拆分"选项

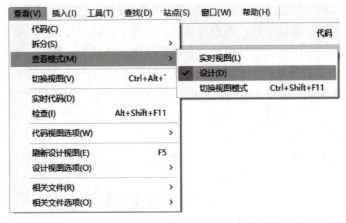

图 1-6 "查看模式"选项

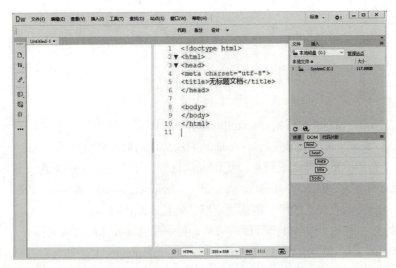

图 1-7 Dreamweaver CC 2018 拆分视图界面

1-3-5 HTML5 简介

HTML（HyperText Mark-up Language）即超文本标记语言，是用于描述网页文档的一种标记语言。通过定义各种标签、元素、属性、对象，实现文字、图像、声音、视频等媒体信息的链接关系，展现给用户丰富多彩的网页效果。HTML 文件保存的后缀（即扩展名）为 .html 或 .htm。

HTML 包括单标识语句和双标识语句，单标识语句格式如换行标签
，大部分标签是成对出现的双标识语句，由打开和关闭标签两部分构成，即 < 标识 > 内容 </ 标识 >，如链接标签 <a href="www.baidu.com" > 百度 </a>。

HTML5 是最新版本的 HTML，它是标准通用标记语言下的一个应用超文本标记语言（HTML）的第五次重大修改，它取代 1999 年制定的 HTML 4.01、XHTML 1.0 标准，在互联网应用迅速发展的时候，使网络标准达到符合当代的网络需求，为桌面和移动平台带来无缝衔接的丰富内容。为了在移动设备上支持多媒体，HTML5 减少了富互联应用（RIA）对 Flash、Silverlight、JavaFX 等的依赖，并且提供更多能有效增强网络应用的 API。

HTML5 还引进了新的功能，可以真正改变用户与文档的交互方式。HTML5 被大量应用于移动应用程序和游戏，改进了用户的友好体验，增强了代码的可读性，有利于搜索引擎更容易抓取文档的内容。因新标签的引入，各浏览器之间将缺少一种统一的数据描述格式，造成使用不同的浏览器预览同一个 HTML5 页面时，可能出现不同的效果。可见并不是所有浏览器都能完美地支持 HTML5，但是这并不能影响 HTML5 将在移动互联网领域的流行趋势。

HTML5 的文件声明格式为：

```
<!doctype html>           // 文档声明，比 HTML4 的文档声明简洁
<html>                    // 文档的开始
  <head>                  // 存放文档的基本信息
    <meta charset="utf-8"> // 声明字符编码
    <title></title>       // 声明文档标题
  </head>
  <body>                  // 文档主体部分可见内容，包含文档标题、图片、表单等
  </body>
</html>                   // 文档的结尾
```

解释说明：

<html> 表示 HTML 语句开始，</html> 表示 HTML 语句结束。

头部标记 <head> 表示头部开始，</head> 表示头部结束：文档头部 <head> 中的元素可以引用脚本、指示浏览器样式表信息、提供元信息等。用户通常无法看到头部标签中的内容，一般 head 标签有 <base>、<link>、<meta>、<script>、<style> 和 <title> 等。

· <base> 标签为页面上的所有链接规定默认地址或默认目标。

· <link> 标签定义文档与外部资源的关系，如一些链接外部的样式文件等。

· <meta> 元素可提供有关页面的元信息（meta-information），如针对搜索引擎和更新频度的描述和关键词、设置网页自动刷新等。

· <script> 标签用于定义客户端脚本，如 JavaScript。

· <style> 标签用于为 HTML 文档定义样式信息。

· <title> 元素可定义网页文档的标题。

网页主体标记 <body> 表示网页主体开始，</body> 表示网页主体结束。

HTML5 网页可广泛应用于移动手机，可通过以下 3 种方式模拟在手机、iPad 等移动终端进行测试。

· 直接在手机上测试，需要一个移动路由器接机房交换机普通端口。

· 电脑上下载手机模拟器。

· 利用浏览器自带功能。（谷歌浏览器 chrome 的 "F12" 调试工具，"Ctrl+F5" 刷新）

手动开发手机网站基本可以通过在 HTML5 网页头部添加 meta 标签进行实现，利用添加 4 个 meta 标签就可以实现一个手机网站的框架。

1. 添加 viewport 标签

```
<meta name="viewport" content="width=device-width, height=device-height user-scalable=no, initial-scale=1.0, maximum-scale=1.0, minimum-scale=1.0">
```

标签解释说明：

name="viewport"——屏幕设定。

width—— viewport 的宽度（width=device-width 意思是：宽度等于设备宽度）。

height—— viewport 的高度（height=device-height 意思是：高度等于设备宽度）。

initial-scale—— 初始的缩放比例。

minimum-scale—— 允许用户缩放到的最小比例。

maximum-scale—— 允许用户缩放到的最大比例。

user-scalable—— 用户是否可以手动缩放。

2. 禁止将数字变为电话号码

`<meta name="format-detection" content="telephone=no" />`

一般情况下，iOS 和 Android 系统都会默认某长度内的数字为电话号码，即使不加也会默认显示为电话，可取消它。

3. iPhone 设备中的 safari 私有 meta 标签

`<meta name="apple-mobile-web-app-capable" content="yes" />`

允许全屏模式浏览，隐藏浏览器导航栏。

4. iPhone 的私有标签

`<meta name="apple-mobile-web-app-status-bar-style" content="black">`

它指定的 iPhone 中 safari 顶端的状态条样式，默认值为 default（白色），可以定为 black（黑色）和 black-translucent（灰色半透明）。

以上 4 个标签不一定全部需要编辑，但通常都会有第一个标签，设置了屏幕宽度等信息。

1-4 项目实施

通过制作"我的第一个网页"，主要学习如何新建网页、保存网页和在浏览器中预览网页。在完成"自我介绍"的网页过程中，掌握编辑简单的文本，下面开始编辑网页。

1-4-1 实验一 我的第一个网页

（1）打开 Dreamweaver CC 2018 软件，单击左上角的"文件"菜单项选择"新建"命令，在弹出的"新建文档"对话框，选择文档类型为"HTML5"，创建一个空白的 html 页面，如图 1-8 所示。

（2）选择左上角的"文件"|"保存"命令，保存在 D 盘根目录下，并命名为"1_1.html"。

（3）在空白编辑区域输入"自我介绍"，选中文字，在下面 HTML"属性"面板中设置格式为"标题 1"，同时，在"拆分"视图中观察标签的变化，如图 1-9 所示。

（4）继续编辑文本，按 Enter 键，将光标置于下一行，在菜单栏中选择"插入"|"HTML"|"水平线"命令，在下面的"属性"面板中设置"宽"为"200"像素、"高"为"1"像素，"对齐"方式为"左对齐"，如图 1-10 所示。

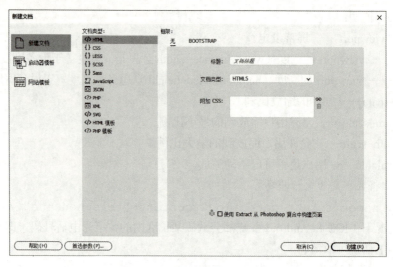

图 1-8 "新建文档"对话框

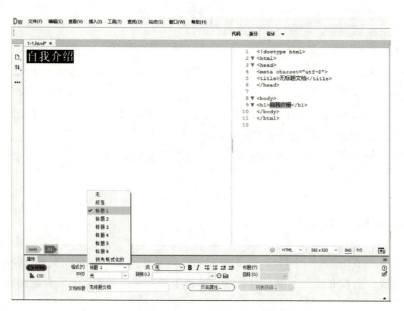

图 1-9 HTML 属性设置界面

图 1-10 "属性"面板

（5）按 Enter 键换段，输入姓名，同时按 Shift+Enter 组合键换行，继续输入性别、出生日期等信息。

（6）在底部"属性"面板设置文档标题"自我介绍"，如图 1-11 所示。

图 1-11 设置文档标题

（7）选择"文件"|"保存"命令，单击状态栏右下角的下拉三角按钮，选择"Google Chrome"选项，如图 1-12 所示。预览页面效果如图 1-13 所示。

图 1-12　选择"Google chrome"选项　　　　图 1-13　预览"我的第一个网页"效果

1-4-2　实验二　古诗赏析

（1）新建"1-2.html"页面，选择"文件"|"页面属性"命令，在标题/编码中设置标题"唐诗一首"。

（2）切换为"拆分视图"，编辑古诗标题"黄鹤楼送孟浩然之广陵"，在下面的"属性"面板设置为"标题 2"。继续编辑古诗的作者和内容："唐代：李白，故人西辞黄鹤楼，烟花三月下扬州。孤帆远影碧空尽，唯见长江天际流。"，在下面的"属性"面板设置为"标题 4"。

（3）将光标置于标题后面，在菜单栏中选择"插入"|"Image"命令，选择需要插入的图片"libai.jpg"。选中该图片并右击，在弹出的快捷菜单中选择"对齐"|"右对齐"选项，如图 1-14 所示。

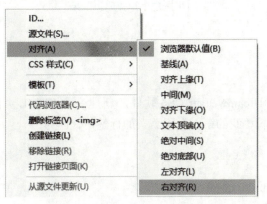

图 1-14　设置图片对齐方式

（4）单击选中该图片，在下面"属性"面板的"替换"文本属性（alt）中输入"LiBai"，如图 1-15 所示。

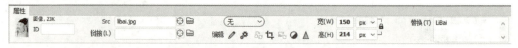

图 1-15　设置图片的属性

（5）依次插入图片"yipic.png""zhupic.png""shangpic.png""beipic.png"，在下面的"属性"面板设置"宽"和"高"均为"35"，并编辑图片的"替换"文本，如图 1-16 所示。

图 1-16　编辑图片的"替换"文本

（6）在菜单栏中选择"插入"|"HTML"|"水平线"命令，在下面的"属性"面板中设置"宽"为"98%"，"高"为"2 像素"，对齐方式为居中对齐。

（7）按 Enter 键换段，继续编辑作者信息。

（8）选择"文件"|"保存"命令，即可预览页面效果，如图 1-17 所示。

图 1-17　预览网页效果

1-5　进阶提高

【实例】　打开 Dreamweaver CS6 软件，新建一个 HTML 页面"1_3.html"，切换到"代码"视图，编辑"我的第一个网页"的标签，代码为：

```
<html>
<head>
<meta charset="utf-8">
<title>我的网页</title>
```

```
</head>
<body>
<h1> 自我介绍
</h1>
<hr align="left" width="200" size="1" color="#66cc66">
<p> 姓名：张三 <br />
性别：男 <br />
出生日期：2000 年 5 月 </p>
<p><br />
</p>
</body>
</html>
```

请对比在"设计"视图和"代码"视图中编辑网页的异同。

标签解释说明：

`<h1>…</ h1>,……,<h6>…</ h6>`：标题文字。

`<hr >`：水平线；对齐方式：align ="左对齐"；宽度：width="200"；水平线高度大小：size="1"；文字颜色：color="文字颜色"。

`<p>`：段落。

`<br />`：换行。

【实例】 新建一个空白的"1_4.html"页面，在"代码"视图中编辑一首唐诗，用 HTML 标签来标识显示格式，效果如图 1-18 所示。

```
<!doctype html>
<html>
<head>
<meta charset="utf-8">
<title>唐诗一首 </title>
</head>
<body>
<h1>静夜思 </h1>
<br />
              &#8212;李白 <br />
<font face="宋体" color="#FF0000" size="3">床前明月光，</font>
<br />
<strong>疑是地上霜。</strong>
<br />
<cite>举头望明月，</cite>
<br />
<u>低头思故乡。</u>
</body>
```

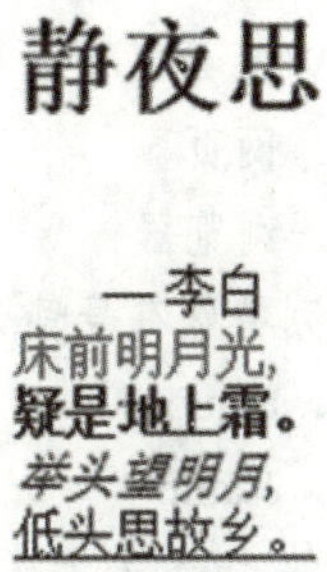

图 1-18 预览网页效果

</html>

标签解释说明：

\<br /\>：换行。

 ：特殊字符空格；存折号 &#8212。

\<h1\>…\</h1\>，……，\<h6\>…\</h6\>：标题文字。

\<font\>：文字格式；face=" 宋体 "：字体。

color=" 文字颜色 "：文字颜色。

size=" 字体大小 "：字号。

strong/b：粗体；cite/i：斜体；u：下划线。

1-6　课后练习

一、单选题

1. 站点首页通常命名为（　　）。
   A．unname.html　　　　　　B．index.html
   C．1.html　　　　　　　　　D．以上都不正确
2. 在Dreamweaver的设计视图中连续输入空格的方法是（　　）。
   A．连续按"Space"键
   B．按下"Ctrl"键再连续按"Space"键
   C．在中文的全角状态下连续按"Space"键
   D．按下"Shift"键再连续按"Space"键
3. WWW是表示（　　）。
   A．网页　　　　　　　　　　B．万维网
   C．浏览器　　　　　　　　　D．超文本传输协议
4. 下列特殊符号哪个表示空格（　　）。
   A．&quot　　　　　　　　　B．
   C．&amp　　　　　　　　　D．&copy
5. 标签 \<br\> 表示（　　）。
   A．插入一条水平线　　　　　B．换行
   C．插入一个空格　　　　　　D．加粗字体

二、多选题

1. 网页中可能包含（　　）元素。
   A．网站基础维护　　　　　　B．网站内容维护
   C．网站安全维护　　　　　　D．以上都不对
2. 常见的网页浏览器有（　　）。
   A．Internet Explorer　　　　　B．Opera
   C．Firefox　　　　　　　　　D．chrome

三、判断题

1. DOCTYPE 声明了文档类型。　　　　　　　　　　　　　　　　　　（　　）
2. 文字颜色通常可以表示为 color="文字颜色"。　　　　　　　　　　（　　）

3．使用 <meta> 元素来描述 HTML 文档的元数据、关键词、作者、字符集、链接样式文件等。（　　）

4．使用 <title> 标签定义 HTML 文档的标题。（　　）

5．HTML 段落是通过标签 <p> 来定义的。（　　）

四、请参照以上实例标签，完成如图 1-19 所示的页面效果。

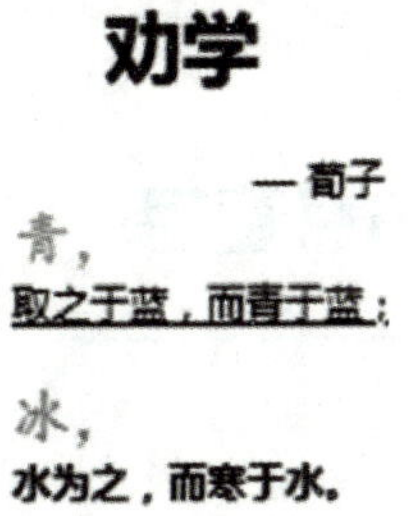

劝学

——荀子

青，
取之于蓝，而青于蓝；

冰，
水为之，而寒于水。

图 1-19　劝学效果

项目 2　站点管理

2-1　项目概述

常见的网页元素有段落、标题、图片、表格、列表、链接、按钮、音频、视频等。本项目主要介绍在 Dreamweaver 中新建站点，使用表格、图片、文本等编辑网页，要求结合相关知识点，完成"省运会"网站。参与竞技，留下汗水，展现风采，演绎精彩。积极传承"奋发、拼搏、团结、进步"的优良品质，大力弘扬"更高更强更快，至善至美至上"的体育精神。繁荣发展文化体育事业，加强青少年体育工作，促进群众体育和竞技体育全面发展，加快建设体育强国。

2-2　学习目标

本项目学习目标如表 2-1 所示。

表 2-1　学习目标

知识目标	技能目标
·掌握新建和编辑站点 ·掌握表格 \<table>\</table> ·掌握图片 \<img> 的标签	灵活应用表格和嵌套表格相关知识，设计并制作完成"省运会"网站

2-3　核心知识

2-3-1　新建站点

做网站前应先对站点进行规划，一个清晰的站点结构将对网站中的各个页面、图片、样式等文件进行整理分类。接下来介绍如何在 Dreamweaver 中新建站点。

（1）在菜单栏中选择"站点"|"新建站点"命令，如图 2-1 所示。

图 2-1　"新建站点"命令

所示。

（2）在弹出的"站点设置对象"对话框中，可设置站点名称与本地站点文件夹，如图 2-2 所示。

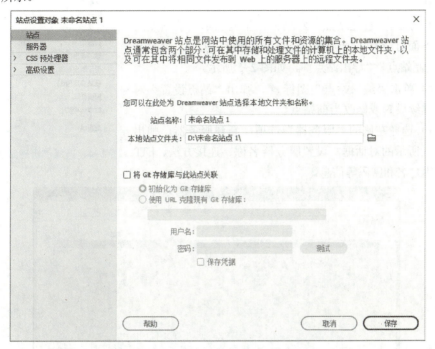

图 2-2　设置站点名称与本地站点文件夹

（3）在左侧选择"高级设置"|"本地信息"项，在右侧设置默认图像文件夹路径，如图 2-3 所示。

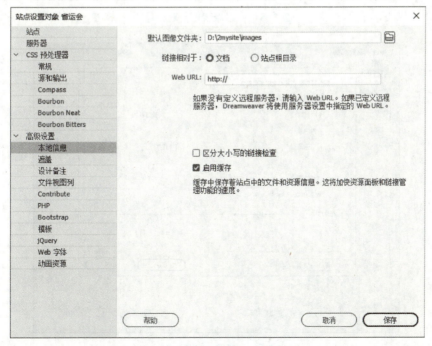

图 2-3　设置默认图像文件夹路径

2-3-2 站点管理

(1) 在菜单栏中选择"站点"|"管理站点"命令,如图 2-4 所示。

(2) 弹出"管理站点"对话框,中间显示当前站点的名称,下面对应有 4 个选项,分别是"删除站点""编辑站点""复制站点""导出站点",如图 2-5 所示。

(3) 单击"编辑站点"图标 ✏,弹出"站点设置"对话框,继续设置或修改当前站点。

(4) 选择左侧的"服务器"选项,新建服务器,弹出如图 2-6 所示的对话框,设置服务器名称、连接方法、FTP 地址、用户名和密码等信息。

图 2-4 选择"管理站点"命令

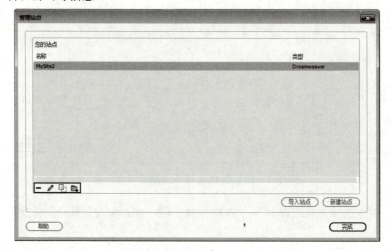

图 2-5 "站点管理"对话框

图 2-6 设置服务器信息

2-4 项目实施

2-4-1 实验一 首页

（1）在 D 盘根目录下新建文件夹"2mysite"，双击打开该文件夹，在内部建立"images"子文件夹。

（2）在 Dreamweaver 的菜单栏中，选择"站点""|新建站点"命令，在弹出的"站点设置对象"对话框中，设置站点名称为"省运会"、浏览选择本地站点文件夹为"D：\2mysite\"，如图 2-7 所示。

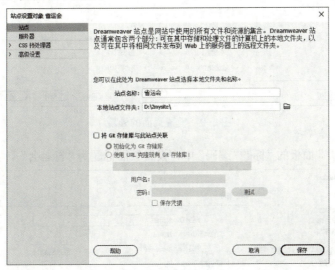

图 2-7 站点设置

（3）选择左侧"高级设置"选项，在右侧设置默认图像文件夹为"D：\2mysite\images\"，如图 2-8 所示。

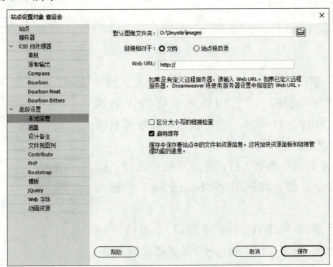

图 2-8 站点设置

(4)新建一个"HTML"网页,保存在站点根目录"D:\2mysite"中,保存为 index.html。

(5)选择"文件"|"页面属性"命令,在"分类"面板的"外观(CSS)"中设置页面字体"大小"为"14px","文本颜色"为"#000000",上边距、右边距、下边距、左边距均为"0px",如图 2-9 所示。

图 2-9 设置页面的外观

(6)在"分类"面板的"标题/编码"中,设置页面标题为"省运会",如图 2-10 所示。

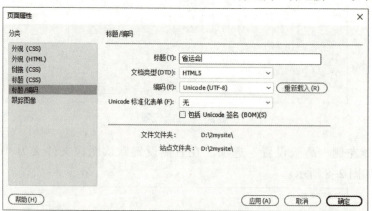

图 2-10 设置页面标题

(7)选择"插入"|"Table"命令,插入 3 行 1 列、960 像素宽度的表格,或使用插入表格的快捷键(Ctrl+Alt+T),如图 2-11 所示,选中表格,在底部页面属性中设置 Align 为居中对齐。

(8)将光标置于表格的第 1 行,在菜单栏中选择"插入"|"Image"命令,浏览找到图片"banner.jpg",插入一张图片。

(9)将光标置于第 2 行,嵌套表格。选择"插入"|"Table"命令,插入 1 行 2 列、960 像素宽度的表格,左边 190 像素宽,右边 770 像素宽,如图 2-12 所示。

图 2-11 插入表格

图 2-12　页面效果

（10）将光标置于第 1 列的单元格内，选择"插入"|"Table"命令，插入 5 行 1 列 180 像素宽度的表格，第 1、3 和 5 行设置行高为"5"，在代码视图删除空格标签" "；在第 2 行插入图片"jiangpai.jpg"，第 4 行插入图片"zongfen.jpg"，如图 2-13 所示。

（11）将光标置于第 2 列的单元格内，插入一个 10 行 7 列 750 像素宽度的表格，边框粗细为 1 像素，单元格边距为 1 像素，选中表格，在下面属性面板设置 Align 为右对齐，编辑文本。

（12）在下面属性面板设置第 1 行为标题 3，单元格水平居中对齐，背景颜色为"#FFF25E"。水平拖动第 2 行文本，在下面属性面板设置水平居中对齐，高为 30 像素，背景颜色为"#B8E167"，如图 2-14 所示。

图 2-13　页面效果

（13）选中表格第 3 ～ 10 行所有文本，在下面属性面板设置水平居中对齐，如图 2-15 所示。

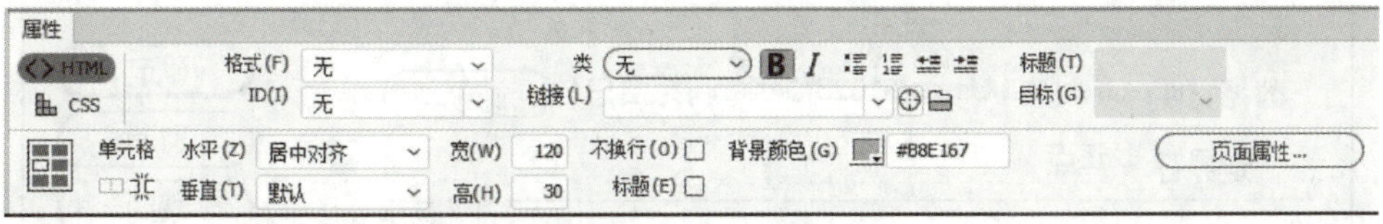

图 2-14　表格属性

综合奖牌榜

排名	编号	参赛队代表团	金牌	银牌	铜牌	总分
1	GD5320317	汕头市代表团	17	10	5	348
2	GD5320320	佛山市代表团	15	9	13	319.5
3	GD5320315	肇庆市代表团	10	16	9	287.5
4	GD5320313	珠海市代表团	12	13	16	259
5	GD5320311	广州市代表团	13	15	14	245
6	GD5320316	湛江市代表团	10	18	21	203.5
7	GD5320314	韶关市代表团	7	21	17	189
8	GD5320311	深圳市代表团	6	13	20	177

图 2-15　页面效果

（14）在底部最后一行插入图片"bottom.jpg"，选择"文件"|"保存"命令，预览网页效果如图 2-16 所示。

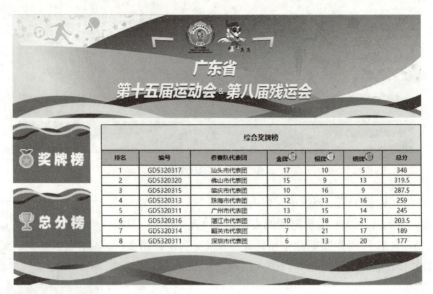

图 2-16　预览网页效果

2-4-2　实验二　比赛成绩页

（1）新建网页 bscj.html，重复上节步骤 7 到步骤 10，选择"文件"|"页面属性"，在左边选择"标题/编码"，将编码设置为"简体中文(GB2312)"。

（2）在右侧导入表格数据，选择"文件"|"导入"|"表格式数据"，浏览选择文件"综合总分榜.txt"，定界符选择"逗点"，格式化首行为"粗体"，边框为1，如图 2-17 所示。

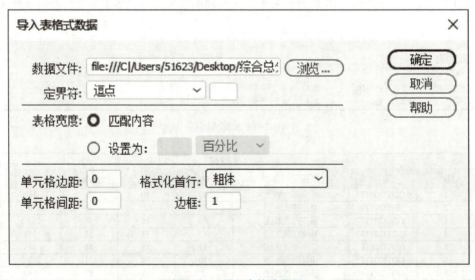

图 2-17　导入表格式数据

（3）将光标置于第一行的任意单元格中，在状态栏中单击最右边的"tr"，或者用拖动鼠标选择第一行的所有单元格，右击选择"表格"|"行或列"，选择插入1行，位置在所选之上，如图 2-18 所示。

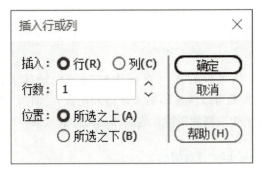

图 2-18 插入行或列

（4）选择新增的四个单元格，右击选择"表格"|"合并单元格"，编辑文本并修改背景颜色。

（5）将光标置于该表格的任意单元格中，在状态栏中单击最右边的"table"，在下面属性面板设置宽750像素，内边距为1，对齐方式为"居中对齐"，如图2-19所示。

图 2-19 修改页面属性

（6）修改各个单元格背景颜色、文本对齐方式等属性，保存预览网页如图2-20所示。

图 2-20 页面效果

2-5 进阶提高

从"省运会"的案例可以看出，页面中应用了大量的表格和图像元素，借助 Dreamweaver 图形用户界面可以快速地插入表格和图像。同样，在 Dreamweaver 的"代码视图"中也可以直接编辑表格和图像标签制作出同样的效果。

2-5-1 表格 < table >< /table >

表格标签表示为 <table></table>，可设置表格的属性包括宽度 width、边框 border、单元格边距 cellpadding 和间距 cellspacing。表格正文标签为 <tbody></tbody>，里面包括行标签 <tr></tr> 和列标签 <td></td>，水平合并 2 个单元格为 colspan="2"，垂直合并 2 个单元格为 rowspan="2"。

```
<table width="300" border="1" cellspacing="3" cellpadding="2">
<tbody>
<tr>
<td colspan="2"></td>
<td rowspan="2"></td>
</tr>
<tr>
<td></td>
<td></td>
</tr>
</tbody>
</table>
```

【实例】新建一个空白的 HTML5 文件 2_1.html，在"代码视图"中编辑代码：

```
<!doctype html>
<html>
<head>
<meta charset="utf-8">
<title>表格 </title>
</head>
<body>
    <table border="1" cellpadding="2" cellspacing="3">
        <tr>
            <th height="30" colspan="3" align="center" bgcolor="#FF6900">综合总分榜 </th>
        </tr>
        <tr bgcolor="#FFFFCC">
            <td> 排名 </td>
```

```
            <td> 代表团 </td>
            <td> 总分 </td>
        </tr>
        <tr  bgcolor="#FFFFCC">
            <td>1</td>
            <td> 汕头市 </td>
            <td>812 </td>
        </tr>
        <tr  bgcolor="#FFFFCC">
            <td>2</td>
            <td> 佛山市 </td>
            <td>740 </td>
        </tr>
        <tr  bgcolor="#FFFFCC">
            <td>3</td>
            <td> 韶关市 </td>
            <td>596 </td>
        </tr>
    </table>
</body>
</html>
```

标签解释说明：

border="1" cellpadding="2" cellspacing="3"，表示边框为 1px，填充为 2px，间距为 3px；

height="30" colspan="3" align="center" bgcolor="#FF6900"，表示高度为 30px、水平跨度为 3 个单元格、对齐方式为居中对齐、背景颜色为 #FF6900。

保存网页，预览页面效果，如图 2-21 所示。

综合总分榜		
排名	代表团	总分
1	汕头市	812
2	佛山市	740
3	韶关市	596

图 2-21　网页效果

2-5-2　图像 <img>

网页中插入图像用标签 <img> 来实现，如 <img src=“图像文件的地址” alt=“描述文字的内容”，border=“图像的边框”，height=“图片的高度”，width=“图片的宽度”，hspace=“水平间距”，vspace=“垂直间距”，align=“相对文字的对齐方式”>。

【实例】新建一个空白的 HTML5 文件 2_2.html，在“代码视图“中编辑代码：

```
<!doctype html>
<html>
<head>
<meta charset="utf-8">
<title> 图片 </title>
```

```html
</head>
<body>
<table width="960" align="center" >
<tr>
<td><imgsrc="image/banner.jpg" width="960" height="234" alt="banner"/></td>
</tr>
<tr>
    <td >
    <table>
        <tr>
        <td>
        <table>
            <tr>
                <td><imgsrc="image/jiangpai.jpg" alt="jiangpai"></td>
            </tr>
            <tr>
                <td><imgsrc="image/zongfen.jpg" alt="zongfen"></td>
            </tr>
        </table>
        </td>
        <td>
        </td>
        </tr>
    </table>
    </td>
</tr>
<tr>
    <td><imgsrc="image/bottom.jpg" width="960" height="76" alt="bottom"/></td>
</tr>
</table>
</body>
</html>
```

标签解释说明：

src=" 图像文件的地址路径 "，alt=" 描述文字的内容 "，height=" 图片的高度 "，width=" 图片的宽度 "。

保存网页并预览效果如图 2-22 所示。

图 2-22 预览网页效果

2-6 课后练习

一、单选题

1. 以下哪个标签表示表格（   ）。
   - A．<a></a>
   - B．<tr></tr>
   - C．<table></table>
   - D．<td></td>
2. 规划站点结构时，各种素材应该（   ）。
   - A．分门别类
   - B．全放在一个文件夹内
   - C．不用分类
   - D．无答案
3. Align 属性表示（   ）。
   - A．图像文件的地址
   - B．对齐方式
   - C．图片的高度
   - D．水平间距

二、多选题

1. 常见的网页元素有（   ）。
   - A．图片
   - B．表格
   - C．列表
   - D．链接
2. 图片 img 的属性包括（   ）。
   - A．src
   - B．alt
   - C．height
   - D．width

三、判断题

1. HTML 图像是通过标签 <img> 来定义的。（   ）
2. 表格标签是从标签 <table> 开始，</table> 结束。（   ）

3. 表头标签表示为 <th></th>。　　　　　　　　　　　　　　　　（　　）
4. 表格当中的每一个单元格标签表示为 <td></td>。　　　　　　　（　　）
5. border="1" cellpadding="2" cellspacing="3"，表示边框为 1px，填充为 2 px，间距为 3px。
　　　　　　　　　　　　　　　　　　　　　　　　　　　　　　　　（　　）
　6. 给目录命名时候尽量使用能表达目录内容的英文或汉语拼音，以方便日后的管理和维护。　　　　　　　　　　　　　　　　　　　　　　　　　　　　　　　　（　　）

四、请参照以上实例中的图片和表格标签，完成如图 2-23 所示的表格效果。

图 2-23　表格效果图

项目 3 超级链接

3-1 项目概述

几乎每个网页中都有链接,通过链接可实现网页之间的相互切换。本项目重点介绍超级链接,包括邮箱链接、图片链接、书签链接、热点链接、空链接等,请灵活运用相关知识点,编辑完成"美食网"。中国饮食文化是各族人民在食源开发、食具研制、食品调理、药食同源、营养保健和饮食审美等方面创造、积累的物质、精神财富。鲁菜、川菜、粤菜、闽菜、苏菜、浙菜、湘菜、皖菜共八大菜系,就是在不同地方习俗、地理环境差异情况下,发展创造出的中国烹饪技艺特色。学习了解博大精深的中国饮食文化,铸就社会主义文化新辉煌,推进文化自信自强。提高人民生活品质,鼓励共同奋斗创造美好生活,不断实现人民对美好生活的向往。

3-2 学习目标

本项目学习目标如表 3-1 所示。

表 3-1 学习目标

知识目标	技能目标
·理解超级链接的基本知识 ·掌握链接 `<a></a>` 标签 ·掌握列表标签 `<dl></dl>`、`<ol></ol>` 和 `<ul></ul>`	灵活应用超级链接和列表相关知识,设计并制作完成"美食网"

3-3 核心知识

3-3-1 链接简介

超级链接是网站中使用比较多的 HTML 元素,在站点内使用超级链接,可以实现同一网页不同位置的快速跳转或不同页面之间的切换,在站点外可以链接到其他网站或发邮件等。<a> 标签定义超链接，从 <a> 开始，到 </a> 结束。元素的 href 属性可链接到一个目标地址，target 为链接窗口打开的方式。

在默认情况下，单击超级链接时会以自我覆盖的方式打开新页面。此外，超级链接还可以指定其他的打开新窗口方式。超级链接标签提供了 target 属性的设置，取值分别为 _self（默认）、_blank、_top、_parent。

"目标"下拉菜单中的选项如下。

_self：放在相同窗口中，自我覆盖（默认窗口无须指定）。

_blank：创建新窗口打开新页面。

_top：在浏览器的整个窗口打开，将忽略所有的框架结构。

_parent：在上一级窗口打开，放到父框架集或包含该链接的框架窗口中。

打开 Dreamweaver 软件，在下面的"属性"面板中选择 HTML 属性面板，如图 3-1 所示。在 HTML 属性面板中可设置链接和链接的目标选项，如图 3-2 所示。

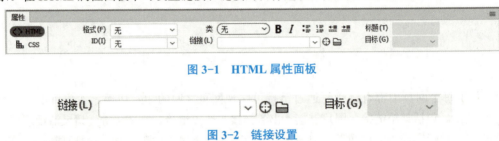

图 3-1　HTML 属性面板

图 3-2　链接设置

超级链接的样式有 4 种形态，分别是 link、visited、hover 和 active，表示未被访问过的链接状态、已经访问过的链接状态、将鼠标放在链接上时的状态和链接被单击时的状态。在 Dreamweaver 的页面属性中可设置 CSS 的 4 种链接状态，如图 3-3 所示。

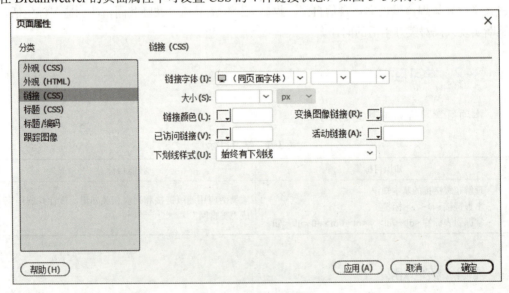

图 3-3　链接状态设置

3-3-2　列表简介

通过列表可以表示网页元素之间的并列关系、先后次序或父子关系。列表包括有序列表、无序列表，有序列表表示各个元素之间按照先后顺序排列，无序列表表示元素之间无先后顺序，只是一种并列关系。嵌套列表是有序列表和无序列表之间的相互嵌套，可表示元素之间的父子上下级关系。

<dl> 用于定义列表，从 <dl> 开始，到 </dl> 结束。<dt> 用于定义列表中的项目，即上层项；<dd> 用于描述列表中的项目，即下层项。

```
<dl>
    <dt> 上层项 </dt>
        <dd> 下层项 </dd>
        <dd> 下层项 </dd>
        <dd> 下层项 </dd>
</dl>
```

<ol></ol> 用于定义有序列表，<ul></ul> 用于定义无序列表，<li></li> 用于描述列表中的项目。列表之间可以相互嵌套。

在 Dreamweaver 下面的 HTML 属性面板中，可以设置无序列表、有序列表、左缩进、右缩进，如图 3-4 所示。

图 3-4 列表设置

3-4 项目实施

"美食网"主要包括 3 个网页，分别是首页、美食攻略和健康养生页。本项目重点学习外链接、邮箱链接、空链接、图片链接等知识。

3-4-1 实验一 首页

（1）在 Dreamweaver 菜单栏中依次选择 "站点" | "新建站点" 命令。在弹出的 "站点设置对象" 对话框中设置 "站点名称" 为 "美食网"、"本地站点文件夹" 为 "D：\3mysite"。选择左侧的 "高级设置" 选项，在 "本地信息" 选项界面中设置默认图像文件为 "D：\3mysite\images"。

（2）选择 "文件" | "新建" 命令，打开 "新建文档" 对话框。选择文档类型为 "HTML5"，单击 "创建" 按钮，新建一个空白的 HTML 文件。选择 "文件" "|保存" 命令，将文件保存在站点根目录 "D：\3mysite" 中，文件命名为 "index.html"。

（3）选择 "查看" | "拆分" 命令，选择 "Code-Design" "水平拆分" "顶部的设计视图"，以及 "查看" | "查看模式" | "设计" 命令。

（4）选择 "文件" | "页面属性" 命令，在左侧的 "分类" 面板中，选择 "标题 / 编码" 选项，设置页面标题为 "美食网"，单击 "确定" 按钮。

（5）选择 "插入" | "Table" 命令，插入 1 行 2 列、850 像素宽度的表格。选择 "窗口" | "属性" 命令，在底部的属性面板 Align 对齐方式中，选择 "居中对齐" 选项，如图 3-5 所示。

图 3-5 属性设置

（6）在状态栏中选中 <tr> 行标签，在底部设置背景颜色为"#D33B26"，如图 3-6 所示。

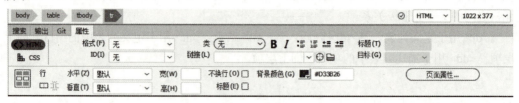

图 3-6　属性设置

（7）选择"插入"|"Image"命令，或使用 Ctrl+Alt+I 组合键，在第 1 列插入图片"banner.png"，第 2 列插入图片"logo.jpg"，如图 3-7 所示。

图 3-7　页面效果

（8）在下面插入一个 1 行 5 列、850 像素宽、间距 CellSpace 的 1 的表格，居中对齐，水平拖动选中所有单元格，在下面的"属性"面板中，设置水平居中对齐，"宽"为"170"，"高"为"40"，"背景颜色"为"#D33B26"，编辑导航条文本。

（9）导航栏链接设置，选中文字"首页"，在下面的"HTML 属性面板"的链接框中指向"index.html"，即"首页"链接到 index.html。选中文字"美食攻略""健康养生"，在下面的"属性面板"链接框中输入空链接"#"，即设置为空链接。

（10）选中文字"热门搜索"，在链接框中输入"https://www.baidu.com/"，目标设置为"_blank"，如图 3-8 所示。选中文字"联系我们"，在链接框中输入"mailto:zhanzhang 123@126.com"，如图 3-9 所示。

图 3-8　属性设置（1）

图 3-9　属性设置（2）

（11）选择"文件"|"页面属性"命令，单击左侧面板的"链接"，设置链接字体大小为"20px"，"链接颜色"为白色"#FFFFFF"、"已访问链接"颜色为黑色"#000000"、"变换图像链接"颜色为黄色"#FFFF00"、"活动链接"颜色为青色"#00FFFF"，"下划线样式"为"仅在变换图像时显示下划线"，如图 3-10 所示。

（12）保存预览网页，鼠标接近链接、停靠在链接上、单击链接时、单击后 4 种状态，观察其颜色变化，页面效果如图 3-11 所示。

（13）插入 1 行 2 列、850 像素宽度的表格，左边列为 250 像素宽，右边列为 600 像素宽。

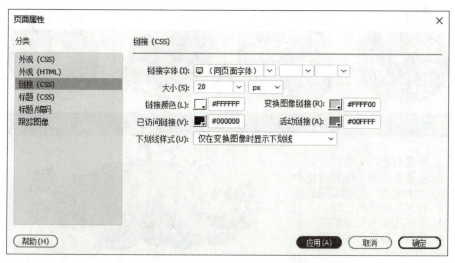

图 3-10　页面属性设置

图 3-11　页面效果

（14）在左边列嵌套 11 行 1 列、230 像素宽度的表格。第 1、4、7、10 行分别插入图片"dh1.gif""dh2.gif""dh3.gif""dh4.gif"，第 2、5、8、11 行分别插入图片"zuo_01.gif""zuo_02.gif""zuo_03.gif""zuo_04.gif"，第 3、6、9 行中，选择"插入"|"HTML"|"水平线"命令，页面效果如图 3-12 所示。

（12）在右边列插入 4 行 1 列、600 像素宽度的表格，第 1、3 行插入图片"dot.png"，编辑文本，设置行高为"30"，背景颜色为"#D33B26"。第 2 行嵌套 1 行 4 列的表格，依次插入图片"m0.png""m1.png""m2.png""m3.png"。第 4 行嵌套 1 行 2 列的表格，左侧宽"240"，编辑文本，右侧宽"360"，插入图片"gua.jpg"。

（13）选中左侧的文本，单击属性面板的编号列表，设置有序列表，如图 3-13 和图 3-14 所示。

图 3-12　页面效果

图 3-13　列表选项

图 3-14 页面效果

(14)插入 1 行 1 列、850 像素宽度的表格,水平居中对齐,高为"50"像素,背景颜色为"#D33B26",编辑文本,选择"插入"|"HTML"|"字符"|"版权"命令,插入版权符号。

(15)选择"文件"|"保存"命令,预览效果如图 3-15 所示。

图 3-15 页面效果

3-4-2 实验二 美食攻略页

（1）选择"文件"|"另存为"，选择站点根目录3mysites下的files文件夹，保存为jkys.html。

（2）删除右侧内容，插入3行1列580像素宽的表格，第1行嵌套1行2列表格，左边嵌套3行2列98%的表格，编辑文本，右边插入图片，如图3-16所示。

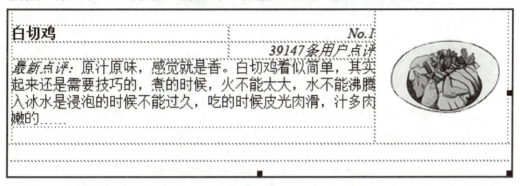

图3-16 页面布局效果

（3）同理，利用嵌套表格完成第2行和第3行的制作，保存网页，如图3-17所示。

图3-17 页面效果

（4）选中导航条的"美食攻略"文字，点击下面的属性面板"链接"右侧的指向按钮，拖动到右侧"文件面板"中的"msgl.html",如图 3-18 所示。同理将导航条中的"健康养生"链接到"jkys.html",完成不同网页之间的相互链接。

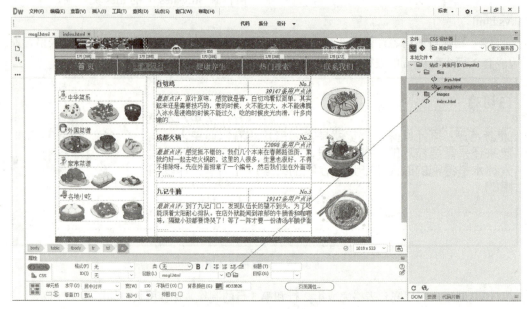

图 3-18　修改页面属性

（5）参照首页的制作过程,完成"jkys.html"健康养生页的内容制作,如图 3-19 所示。

图 3-19　页面效果

（6）完善导航条的链接，选择"文件"|"保存全部"，预览各个页面效果。

3-5 进阶提高

在 Dreamweaver 强大的图形用户界面提示下，可快速制作完成"美食网"。各个页面中大量应用了链接和列表元素，下面介绍链接和列表的标签表示方式。

3-5-1 链接 <a></a>

【实例】打开 Dreamweaver 软件，选择"文件"|"新建"命令，创建一个空白的 HTML5 文件"3_1.html"，在页面中编辑一个"百度"的链接和邮箱链接，在"代码"视图中输入如下代码：

```
<!doctype html>
<html>
<head>
<meta charset="utf-8">
<title>超链接</title>
</head>
<body>
    <a href="http://www.baidu.com" target="_blank" title="baidu">百度</a>
    <a href="mailto:123456789@qq.com?subject=hello&cc=zhangsan@126.com">联系我们</a>
</body>
</html>
```

保存网页，预览效果如图 3-20 所示。

<u>百度</u> <u>联系我们</u>

图 3-20 链接效果

【实例】 在"美食"网中，页面"index.html"导航栏处并排 5 个链接，下面介绍如何用标签"<a>"来编辑链接。新建"3_2.html"页面，在"代码"视图中编辑如下标签：

```
<!doctype html>
<html>
<head>
<meta charset="utf-8">
<title>超链接</title>
</head>
<body>
    <table width="850" border="0" align="center" cellpadding="0" cellspacing="0">
```

```
      <tr>
            <td width="170" height="45" align="center" bgcolor="#FFF763"><a href=#>首页</a></td>
            <td width="170" height="45" align="center" bgcolor="#FFF763"><a href="#">美食攻略</a></td>
            <td width="170" height="45" align="center" bgcolor="#FFF763"><a href="#">健康养生</a></td>
            <td width="170" height="45" align="center" bgcolor="#FFF763"><a href="http://www.baidu.com">热门搜索</a></td>
            <td width="170" height="45" align="center" bgcolor="#FFF763"><a href="mailto:zhanzhang123@126.com">联系我们</a></td>
      </tr>
   </table>
</body>
</html>
```

保存网页，预览效果如图 3-21 所示。

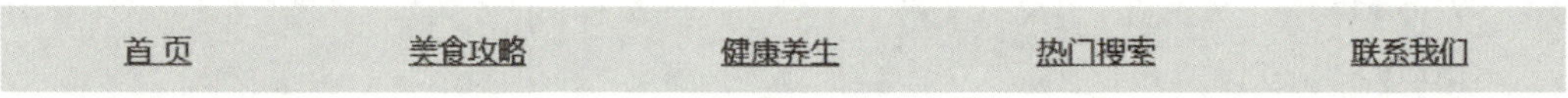

| 首页 | 美食攻略 | 健康养生 | 热门搜索 | 联系我们 |

图 3-21 网页效果

标签解释说明：

页面中有一个 1 行 5 列的表格，每个单元格内有一个链接。

width="宽度"，border="边框像素"，align="对齐方式"，cellpadding="填充"，cellspacing="间距"，bgcolor="背景颜色"。

3-5-2 嵌套列表 `<ul></ul>`、`<ol></ol>`、`<dl></dl>`

【实例】 新建一个空白的 HTML5 文件"3_3.html"，编辑如下标签，在浏览器中查看效果图。

```
<!doctype html>
<html>
<head>
<meta charset="utf-8">
<title>列表</title>
</head>
<body>
   <dl>
      <dt>上层项</dt>
         <dd>下层项</dd>
         <dd>下层项</dd>
         <dd>下层项</dd>
```

```
        </dl>
        <ol>
                <li>水果 </li>
                        <ul type="circle">
                                <li> 香蕉 </li>
                                <li> 苹果 </li>
                                <li> 梨子 </li>
                        </ul>
                <li>蔬菜 </li>
                        <ol type="a">
                                <li> 白菜 </li>
                                <li> 萝卜 </li>
                                <li> 丝瓜 </li>
                        </ol>
        </ol>
</body>
</html>
```
保存网页，预览效果如图 3-22 所示。

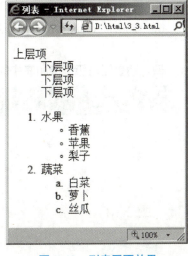

图 3-22 列表网页效果

3-6 课后练习

一、单选题

1. 链接窗口打开方式中，（　　）表示新窗口打开新页面。

　　A．_self　　　　　　　　　B．_blank

　　C．_top　　　　　　　　　D．_parent

2. <a href="http://www.baidu.com" target="_blank" >百度</a>中，（　　）属性关联一个链接地址。

　　A．a　　　　　　　　　　B．href

　　C．target　　　　　　　　D．_blank

3. （　　）选项用于定义有序列表。

　　A．<dl>　　　　　　　　　B．<ul>

　　C．<ol>　　　　　　　　　D．<li>

二、多选题

1. 链接的"目标"下拉菜单中的选项有（　　）。

　　A．_self　　　　　　　　　B．_blank

　　C．网站安全维护　　　　　　D．以上都不对

2. 网页中可能包含的内容元素有（　　）。

　　A．表格　　　　　　　　　　B．图片

　　C．链接　　　　　　　　　　D．项目列表

三、判断题

1. <a> 标签定义超链接,从 <a> 开始,到 </a> 结束。   (   )
2. <a href="http://www.baidu.com" target="_blank" > 百度 </a> 表示百度链接。
   (   )
3. <dl> 用于定义列表,<dt> 用于定义上层项,<dd> 用于下层项。 (   )
4. <ol></ol> 用于定义有序列表,<li></li> 用于描述列表中的项目。 (   )
5. <ul></ul> 用于定义无序列表,<li></li> 用于描述列表中的项目。 (   )
6. <a href="mailto:zhanzhang123@126.com "> 联系我们 </a> 表示一个邮件链接。
   (   )

四、请参照超级链接和表格的相关标签,完成如图 3-23 所示的链接效果。

热门车	豪华车	商用车	推荐车	二手车

图 3-23　链接效果图

项目 4 框 架

4-1 项目概述

框架式网页是指在一个网页中可以嵌套另外一个网页，内嵌框架页通常用于内嵌视频或广告等内容。本项目要求结合框架式网页基本知识，完成"继续教育网"。随着移动互联网的飞速发展，信息技术日新月异，不断学习充实自己才能适应时代发展的步伐。教育、科技、人才是全面建设社会主义现代化国家的基础性、战略性支撑。通过继续教育，保持活到老学到老的态度，与时俱进，巩固提升专业技能，实现民族复兴。实施科教兴国战略，强化现代化建设人才支撑。

4-2 学习目标

本项目学习目标如表 4-1 所示。

表 4-1 学习目标

知识目标	技能目标
·理解内嵌框架页 ·掌握编辑框架式网页 <iframe></iframe>	灵活应用框架相关知识设计并制作完成"继续教育"网站

4-3 核心知识

4-3-1 内嵌框架

在一个网页中再嵌套另外一个网页，可以通过内嵌框架页来实现。在菜单栏中选择"插入"|"HTML"|"IFRAME"命令，如图 4-1 所示。

在拆分视图显示的效果如图 4-2 所示，分别可以看到"设计视图"的内嵌区域变成灰色，对应的代码视图标签为 <iframe></iframe>，可以在里面嵌套编辑另一个网页，实现页面的嵌套。

图 4-1 选择"IFRAME"命令

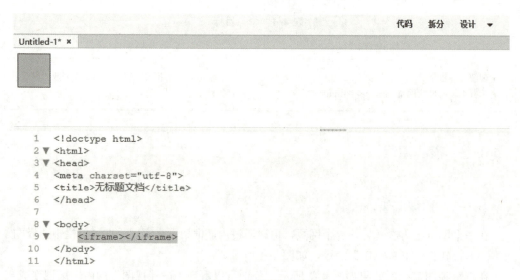

图 4-2 拆分视图效果

在标签 <iframe></iframe> 中可编辑以下属性：内嵌框架名称"name"，链接文件"src"，框架边框"frameborder"，滚动滑条"scrolling"，宽度"width"，高度"height"等。

4-4 项目实施

4-4-1 实验一 首页设计

（1）在 D 盘根目录下面建立"4mysite"文件夹，并在里面新建"images"和"files"两个子文件夹。打开 Dreamweaver 的菜单栏中选择"站点"|"新建站点"命令。在弹出的对话框中设置站点名称为"继续教育网"，本地站点文件夹为"D：\4mysite"，设置图片默认路径为"D：\4mysite\images\"。

（2）在菜单栏中选择"文件"|"新建"命令，新建一个空白的 HTML 文件，并保存为"index.html"。

（3）选择"文件"|"页面属性"命令，在"外观"分类中设置字体大小为"12px"，上边距、下边距、左边距、右边距均为"0px"。

（4）在拆分视图中插入 2 行 1 列、850 像素宽度的表格，居中对齐。第 1 行插入图片"logo.jpg"，第 2 行嵌套插入一个 1 行 3 列、850 像素宽度的表格，列宽分别为 70 像素、710 像素和 70 像素。第 1、3 列插入图片"zuo.png"和"you.png"，中间列设置背景图片"background="../images/ mid.png"。在中间列内再嵌套一个 1 行 7 列、710 像素宽度的表格，第 1、3、5 和 7 列宽为"170px"，第 2、4 和 6 列宽为"10px"，编辑导航条内的文字，如图 4-3 所示。

图 4-3 页面效果

（5）设置页面属性，选择"链接"分类，设置字体大小为"18"，设置链接颜色和已访问链接颜色为"#FFFFFF"，效果如图 4-4 所示。

图 4-4 页面颜色效果

（6）插入 1 行 2 列、850 像素宽度的表格，左边列为 200 像素宽，右边列为 650 像素宽。

（7）在左边列嵌套插入 4 行 1 列、200 像素宽度的表格。在第 1 行设置高为 90 像素，第 2 和 4 行插入图片"gg1.jpg"和"gg2.jpg",在第 3 行设置高为 5 像素,如图 4-5 所示。

(8)在右边列中嵌套插入 2 行 2 列、600 像素宽度的表格,居中对齐,第 1 行的两个单元格分别插入图片"dot.jpg"和输入文字"继续教育"。第 2 行合并单元格后再嵌套 95% 宽度的表格,并编辑文字。通过选择底部属性面板中的编号列表,设置嵌套列表,如图 4-6 所示。

(9)在当前页面中插入 1 行 1 列、850 像素宽度的表格,居中对齐,背景颜色为"#006DFF"。编辑文本版权等信息,水平居中对齐,效果如图 4-7 所示。

图 4-5　页面效果

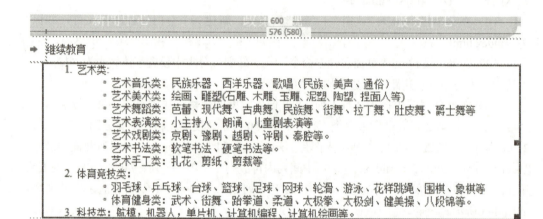

图 4-6　页面效果

图 4-7　页面版权效果

4-4-2　实验二　内嵌框架页

(1)新建"login.html"页面,将它保存在"files"文件夹内。插入 2 行 1 列的表格,第 1 行插入图片"logintitle.jpg";第 2 行内插入图片"form.PNG",保存网页,预览效果如图 4-8 所示。

图 4-8　页面效果

(2)将"login.html"嵌套到首页左边。打开"index.html"页面,将光标置于中间左侧第 1 行中,在菜单栏中选择"插入"|"HTML"|"IFRAME"命令,插入内嵌框架,如图 4-9 所示。

(3)在内嵌框架 <iframe></iframe> 中,添加并完善标签 <iframe src="login.html" frameborder="0" scrolling="no" width="200" height="90"></iframe>,设置 src 链接文件,框架边框为"0",不需要滚动滑条,宽度为"200",高度为"90"。

(4)保存网页,预览网页效果,如图 4-10 所示。

```
<tbody>
    <tr>
        <td width="200">
            <table width="200" border="0" align='
                <tr>
                    <td><iframe></iframe> </td>
                </tr>
```

图 4-9 拆分视图

图 4-10 页面效果

4-5 进阶提高

4-5-1 内嵌视频

【实例】 打开网页首页，可在"代码"视图中查看整个框架的代码：

```
<!doctype html>
<html>
<head>
<meta charset="utf-8">
<title>内嵌视频</title>
</head>
<body>
    <iframe src="video1.mp4" width="320" height="240"></iframe>
</body>
</html>
```

预览网页效果，如图 4-11 所示。

图 4-11 页面效果图

4-5-2 内嵌框架的应用 <iframe>

【实例】 用框架和表格共同布局网页，新建一个空白的 HTML5 文档 "4-2.html"，编辑如下标签，并查看效果图。

```
<!doctype html>
<html>
```

```html
<head>
<meta charset="utf-8">
<title>用框架和表格布局网页</title>
</head>
<body>
<table width="1024px" border="0" align="center" cellpadding="0" cellspacing="0">
    <tr>
        <td height="80">
            <table width="800" align="center">
            <tr>
                <td><a href="https://www.runoob.com" target="myframe"><img src="image/cainiao.jpg" alt="1" width="150" height="60"></a></td>
                  <td><a href="https://www.icve.com.cn/" target="myframe"><img src="image/zhijiao.jpg" alt="2" width="150" height="60"></a></td>
                    <td><a href="http://www.taobao.com" target="myframe"><img src="image/taobao.jpg" alt="3" width="150" height="60"></a></td>
            </tr>
            </table>
        </td>
     </tr>
    <tr>
        <td height="900">
           <iframe name="myframe" src="http://www.ifeng.com/" width="100%;" height="100%" scrolling="auto"></iframe>
           </td>
    </tr>
    <tr>
        <td height="40">底部版权所有区域 </td>
     </tr>
</table>
</body>
</html>
```

标签解释说明:

以上实例用表格和框架共同布局网页，内嵌框架 <iframe></iframe> 设置了框架名称属性 name="myframe"，在图片链接 <a></a> 中，将链接的 "target" 关联到内嵌框架

"myframe",表示链接打开方式,窗口将在内嵌框架所在位置打开。保存网页,预览效果如图 4-12 所示。

图 4-12　网页效果

4-6　课后练习

一、单选题

1. 内嵌框架中的滚动条,应设置(　　)参数。
   A．src　　　　　　　　　　　　B．scrolling
   C．frameborder　　　　　　　　D．width
2. (　　)表示内嵌框架。
   A．<iframe>　　　　　　　　B．<Frameset>
   C．frameborder　　　　　　　　D．scrolling

二、多选题

1. 内嵌框架的参数包括(　　)。
   A．src　　　　　　　　　　　　B．scrolling
   C．frameborder　　　　　　　　D．width
2. 网页中可能包含(　　)元素。
   A．表格　　　　　　　　　　　　B．图片
   C．链接　　　　　　　　　　　　D．项目列表

三、判断题

1. 框架把网页在一个浏览器窗口下分割成几个不同的区域,实现在一个浏览器窗口中

显示多个 HTML 页面。　　　　　　　　　　　　　　　　　　　　（　　）

2．框架集（Frameset）中定义了整体的框架布局。　　　　　　（　　）

四、请参照本项目框架集的相关标签，完成如图 4-13 所示的页面效果。

图 4-13　框架页效果图

5-1 项目概述

表单 form 是 Internet 和服务器之间进行信息交互的一种重要工具。表单可以收集用户输入的信息，因而被广泛应用在各大网站。请结合表单相关知识，制作完成"注册表单页"。在浏览器表单中的数据传递到服务器前，对 HTML 表单中的输入数据进行验证，从而加强代码数据的规范性，保障网络安全。《中华人民共和国网络安全法》已于 2016 年 11 月 7 日通过，自 2017 年 6 月 1 日起施行。国家倡导诚实守信、健康文明的网络行为，推动传播社会主义核心价值观，采取措施提高全社会的网络安全意识和水平，形成全社会共同参与促进网络安全的良好环境。推进国家安全体系和能力现代化，坚决维护国家安全和社会稳定。国家安全是民族复兴的根基，社会稳定的前提。坚定不移地贯彻总体国家安全观，把维护国家安全贯穿党和国家工作各方面全过程，确保国家安全和社会稳定。

5-2 学习目标

本项目学习目标如表 5-1 所示。

表 5-1　学习目标

知识目标	技能目标
• 掌握常见的表单对象 • 掌握表单的验证 • 掌握 <form></from> 标签	灵活应用表单相关知识，制作注册表单页与表单验证

5-3 核心知识

5-3-1 表单元素

通过设计表单界面，以方便用户输入基础数据。可以在客户端浏览器执行用户提交的数据，也可以在服务器程序处理数据，并返回结果。在 Dreamweaver 菜单栏中选择"窗口"|"插入"命令，将插入面板从右边拖动到上面，"插入面板"中的第二项为"表单"选项，

可插入的表单对象,如图 5-1 所示。表单对象包括表单域、文本字段、电子邮件、密码、URL、TEL、搜索框、数字、范围、颜色、时间、文本区域、提交按钮、文件域、图像域、单选按钮、单选按钮组、复选框、复选按钮组等;也可以选择菜单栏中"插入"|"表单"命令,选择表单对象,如图 5-2 所示。

图 5-1 "表单"插入工具栏

图 5-2 表单对象

5-3-2 表单域属性

在"插入"面板中,选择"表单"分类,单击左边第 1 个"表单域"按钮,"拆分视图"左边显示为一个红色虚线框,右边显示表单标签 <form id="form1" name="form1" method="post"></form>,如图 5-3 所示。

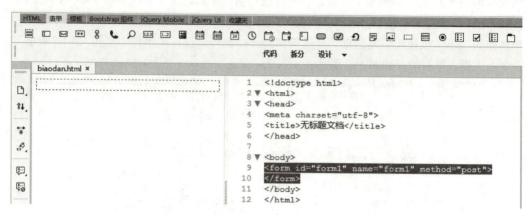

图 5-3 插入表单对象

单击红色虚线的边框，选中该表单域，虚线框变成黑色，下面的"属性面板"如图 5-4 所示。

图 5-4 插入表单对象属性面板

表单域属性面板包括以下内容。

（1）表单"ID"：标识表单的唯一名称。

（2）类"class"：定义好的 CSS 样式。

（3）动作"Action"：指定处理该表单的动态页或脚本的路径。可以输入完整的路径，也可以单击"浏览文件"按钮，指定到同一站点中包含该脚本或应用程序页的相应文件夹。如果没有相关程序支持，也可以使用 E-mail 的方式来传输表单信息。

（4）方法"Method"：用于选择表单数据传输到服务器的方法。可选择速度快但携带数据量小的 GET 方法，或者选择数据量大的 POST 方法。

（5）标题"Title"：指定的标题名称属性。

（6）目标"Target"：指定打开窗口的方式。

（7）MIME 类型：指定对提交给服务器进行处理的数据使用 MIME 编码类型。

5-4 项目实施

5-4-1 注册表单页

（1）在 D 盘根目录新建"5mysite"文件夹，打开 Dreamweaver，新建一个网页"biaodan.html"。在页面中插入一个表单，在红色的表单框中嵌套插入一个 10 行 1 列的 400 像素宽、边框粗细为 1 像素、单元格边距为 2 像素的表格。编辑文本，效果如图 5-5 所示。

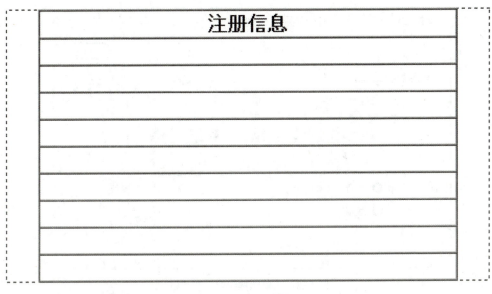

图 5-5　页面效果

（2）在第 2 行中插入 文本字段，将"TextField"修改为"账号"，选中文本框，在底部属性面板设置文本域名"name"为"username"，字符宽度"Size"和最多字符数"Max Length"为"30"，替代文本"Place Holder"为"请设置用户名"，选中必填字段"Required"，如图 5-6 所示。

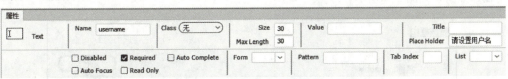

图 5-6　设置文本字段属性

（3）在第 3 行中插入 密码字段，将"Password"修改为"密码"，选中密码框，在底部属性面板设置字符宽度"Size"和最多字符数"Max Length"为"30"，替代文本"Place Holder"为"请设置密码"，选中必填字段"Required"，如图 5-7 所示。

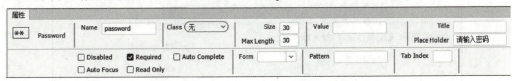

图 5-7　设置密码字段属性

（4）在第 4 行插入单选按钮组，在弹出的"单选按钮组"对话框中设置"男"和"女"的标签和值，删除换行标签
，如图 5-8 所示。

（5）选中第一个单选项，在下面属性面板中选中"Checked"复选框，默认选中性别"男"。

（6）在第 5 行插入 邮箱字段，将"Email"修改为"邮箱"，并设置文本域名为"email"，字符宽度和最多字符数为"30"，替代文本"Place Holder"为"请输入您的邮箱"。

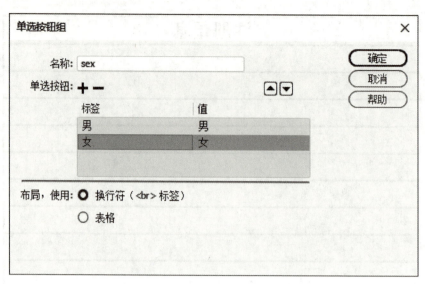

图 5-8 "单选按钮组"对话框

（7）在第 6 行中插入电话字段，将"Tel"修改为"电话"，选中后在底部属性面板设置字符宽度"Size"和最多字符数"Max Length"为"30"，替代文本"Place Holder"为"请输入电话号码"。

（8）在第 7 行插入复选框组，弹出"复选框组"对话框，在复选框"标签"和"值"中输入文本，如图 5-9 所示。

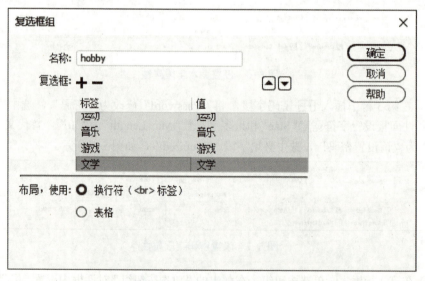

图 5-9 "复选框组"对话框

（9）在第 8 行中插入选择字段，将"Select"修改为"职业"，在底部属性面板，单击"列表值"按钮，在弹出的对话框中设置 5 个项目标签和值，如图 5-10 所示。

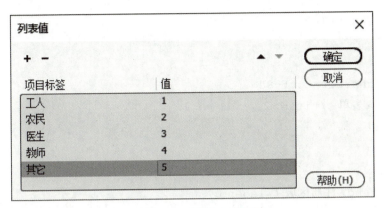

图 5-10 "列表值"对话框

（10）在第 9 行插入 文本区域，将"Text Area"修改为"备注"，在属性面板设置名称"Name"为"note"，行数"Rows"为"2"，宽度"Cols"为"35"字符，最大字符数"Max Length"为"50"，如图 5-11 所示。

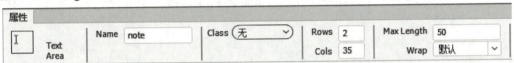

图 5-11 属性设置

（11）在最后一行嵌套 1 行 2 列的表格，左边插入 "重置"按钮，右边插入 "提交"按钮。

（12）保存文件，预览表单页面效果，如图 5-12 所示。

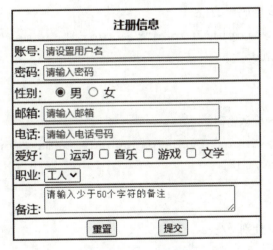

图 5-12 表单页面效果

5-5 进阶提高

5-5-1 表单 <form>

【实例】 新建一个空白的 HTML 页面"5_1.html"，在"代码视图"中编辑如下标签：

```html
<!doctype html>
<html>
<head>
<meta charset="utf-8">
<title>表单</title>
</head>
<body>
<fieldset>
    <legend>注册区域</legend>
    <form method="get">
        <table border="1" bordercolor="#0033FF" width="500" cellpadding="10">
            <tr>
                <th colspan="2">注册页面</th>
            </tr>
            <tr>
                <td>用户名：</td>
                <td><input type="text" name="user" id="user" value="user"/></td>
            </tr>
             <tr>
                <td>密码：</td>
                <td><input type="password" name="psw" id="psw" value="psw" /></td>
            </tr>
             <tr>
                <td>确认密码</td>
                <td><input type="password" name="repsw" id="repsw" value="repsw" /></td>
            </tr>
             <tr>
                <td>性别</td>
                <td>
                    <input type="radio" name="sex" value="nan" id="nan" checked />男
                    <input type="radio" name="sex" value="nv" id="nv" />女
                </td>
```

```
            </tr>
            <tr>
                <td>爱好:</td>
                <td>
                    <input type="checkbox" name="interests" value="dance" id="dance"/>跳舞
                    <input type="checkbox" name="interests" value="sing" id="sing"/>唱歌
                    <input type="checkbox" name="interests" value="swing" id="swing"/>游泳
                </td>
            </tr>
            <tr>
                <td>国家:</td>
                <td>
                    <select name="country" id="country">
                        <option value="none">-- 选择国家 --</option>
                        <option value="china">中国</option>
                        <option value="english">英国</option>
                        <option value="usa">美国</option>
                    </select>
                </td>
            </tr>
            <tr>
                <th colspan="2">
                    <input type="submit" name="tijiao" id="tijiao" value=" 提交 " />
                    <input type="reset" name="chongzhi" id="chongzhi" value=" 重置 " />
                </th>
            </tr>
        </table>
    </form>
</fieldset>
</body>
</html>
```
保存网页,查看页面效果,如图 5-13 所示。

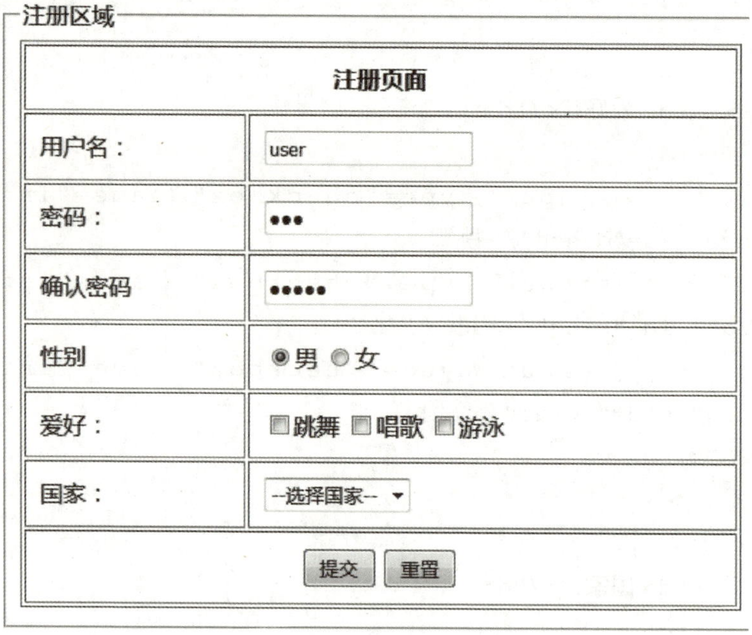

图 5-13 网页效果

5-5-2 构建 HTML5 表单

【实例】 新建一个空白的 HTML5 文件"5_2.html",编辑如下标签构建 HTML5 表单。

```
<!doctype html>
<html>
<head>
<meta charset="gbk">
<meta name="viewport" content="width=device-width, user-scalable=no, initial-scale=1.0, maximum-scale=1.0, minimum-scale=1.0">
<title>HTML5 表单实例</title>
<style type="text/css">
    form{ width:350px; background:#9FC; padding:10px; }
    button{ background:#FC9; padding:6px; border-radius:8px; }
    button:hover{ background:#F96; padding:7px; border-radius:8px; }
    input{ padding:5px; margin:5px; background:#f9f9f9; }
    input:focus{ padding:6px; background:#FFC; }
</style>
</head>
<body>
<form>
```

```
        <fieldset>
        <legend>用户注册</legend>
        <label for="user">账    号：</label><input type="text" name="user" id="user"
        placeholder=" 请输入账号" required ><br />
        <label for="password">密 码：</label><input type="password" name="password" id="password"
        placeholder=" 请输入密码" required><br />
        <label for="tel">电  话  号  码：</label><input type="tel" name="tel" id="tel"
        placeholder=" 请输入电话" required><br />
        <label for="email">电  子  邮  箱：</label><input type="email" name="email" id="email"
        placeholder=" 请输入邮箱" required><br />
        <button>单击注册</button>
        </fieldset>
    </form>
    </body>
    </html>
```

标签解释说明：

1. Input 元素的属性

Type 属性：指定元素的类型，默认为 text，单行文本框；password 密码状态输入；submit 提交按钮；button 普通按钮；image 图片式提交按钮；hidden 隐藏字段；email 邮箱；url 输入网址；tel 输入电话号码；number 数字；search 搜索；file 文件；checkbox 复选框；radio 单选按钮；range 活动条；时间类；color 颜色。

Name 属性：输入内容的识别名称，传递参数时的参数名称。

Value 属性：默认值。

Size 属性：文本框的字符宽度。

Maxlength：输入的最大字数。

Readonly 属性：只读属性，设置内容不可变更。

Disabled 属性：设置为不可用。

Required 属性：设置内容为必填字段。

Placeholder 属性：设置默认值，文本框获得焦点时被清空，对 text、url、tel、email、password、search 有效。

Autofocus 属性：自动获取焦点。

Accesskey 属性：指定快捷键，按"alt+"组合键获得焦点。

Tabindex 属性：按 Tab 键时项目间的移动顺序。

Autocomplet 属性：属性值为 on/off，定义是否开启浏览器自动记忆功能。

2. lable 元素

lable 用来为 input 元素定义标记，建立一个与之相关的标签；For 属性：让标签与指定的 input 元素建立关联。

3．Button 元素

Type 属性：可设置为"submit\reset\button"；可使用 input 元素来创建按钮，也可用 button 元素直接创建按钮。

保存并预览网页效果，如图 5-14 所示。

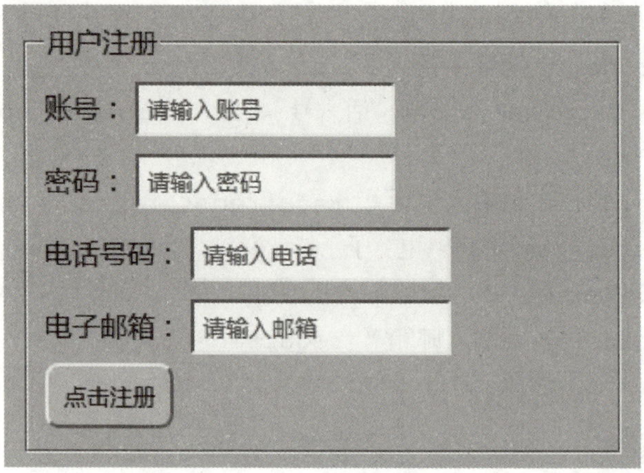

图 5-14 网页预览效果

5-6 课后练习

一、单选题

1．表单的标签表示为（　　）。

  A．form   B．table

  C．img   D．ul

2．表单元素设置 type="radio" 表示的是（　　）。

  A．单选按钮   B．多选按钮

  C．文本框   D．密码框

3．属性 placeholder 表示（　　）。

  A．文本框的字符宽度 B．颜色

  C．只读   D．默认显示的提示文本

4．属性 required 表示（　　）。

  A．不可用   B．输入的最大字数

  C．自动获取焦点   D．必填字段

二、多选题

1．常见的表单元素有（　　）。

  A．单选按钮   B．多选按钮

  C．文本框   D．密码框

2．Input 元素的属性 Type，可设置为以下（　　）选项。
　　A．text　　　　　　　　　　B．password
　　C．button　　　　　　　　　D．email

三、判断题

1．表单 form 是 Internet 和服务器之间进行信息交流的一种重要工具。　　（　　）

2．<input type="radio" name="sex" value="nan" id="nan" checked /> 男表示单选按钮。
　　　　　　　　　　　　　　　　　　　　　　　　　　　　　　　（　　）

3．<input type="checkbox" name="interests" value="dance" id="dance"/> 跳舞，表示复选框。　　　　　　　　　　　　　　　　　　　　　　　　　　　　　　（　　）

4．<select name="country" id="country"></select> 表示下拉菜单。　　（　　）

5．<option value="none">-- 选择国家 --</option> 表示下拉菜单内的选项。　（　　）

6．placeholder 属性表示默认的提示文本信息。　　　　　　　　　　（　　）

四、请参照表单的相关标签，完成如图 5-15 所示的效果。

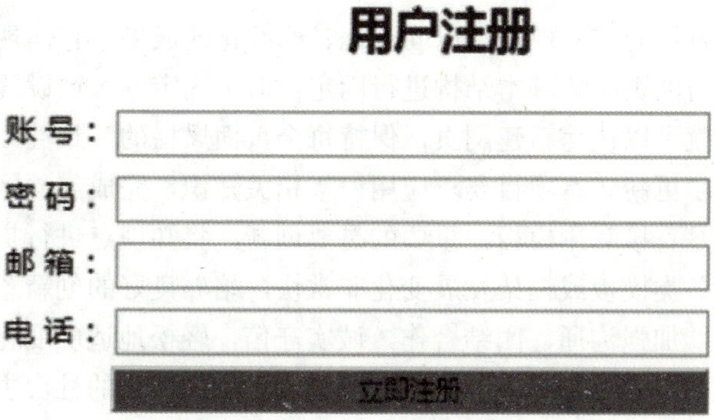

图 5-15　用户注册效果图

项目 6 模 板

6-1 项目概述

模板是将一个事物的结构规律予以固定化、标准化的成果,它体现的是结构形式的标准化。网页模板是对网页中的基本结构进行固定,对不固定的区域设置成可编辑区域的页面。通过套用模板就可以快速新建网页,保持每个页面风格的一致性。通过更新模板还能实现所有网页的同步更新。本项目要求应用模板相关知识,完成红酒网模板的制作。无论是设计模板页,还是直接套用模板,重要的是要创新,将知识点进行扩展和迁移,设计制作更美观的效果。各类模板或框架发展变化非常快,培养良好的创新意识,敢于尝试,勤于操练,勇于创新,加强沟通,团结合作,诚实守信,轻松地适应变化发展的外部环境。发展面向现代化、面向世界、面向未来的,民族的科学的大众的社会主义文化,开辟发展新领域新赛道,不断塑造发展新动能新优势。激发全民族文化创新创造活力,增强实现中华民族伟大复兴的精神力量。

6-2 学习目标

本项目学习目标如表 6-1 所示。

表 6-1 学习目标

知识目标	技能目标
·掌握创建模板 ·掌握设置可编辑范围 ·掌握套用模板 ·掌握更新模板 ·了解 Dreamweaver 的内置模板	灵活模板相关知识,制作并完成"红酒模板"的编辑

6-3 核心知识

模板是以 .dwt 为后缀名的文件,多个页面中相同的部分可在模板 .dwt 文件中编辑,不同的部分设置为可编辑区域。在网页制作过程中应用模板可节省大量时间,不仅能够统一页面的结构和外观,而且修改方便快捷,只需修改模板,其他套用了该模板的所有页面即可实现同步更新。

6-3-1 模板的新建

1. 新建模板文件

选择菜单栏中的"文件"|"新建文档"命令,在"新建文档"界面中选择"HTML 模板"|"无"选项,单击"创建"按钮,如图 6-1 所示,新建一个空白的 HTML 模板,模板网页以 .dwt 为后缀文件。

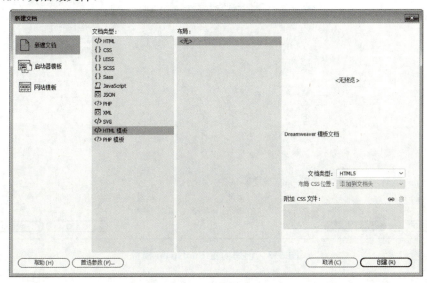

图 6-1 新建 HTML 模板

2. 内置基本布局模板

选择菜单栏中的"文件"|"新建文档"命令,在"新建文档"界面中选择"启动器模板"|"基本布局"|"基本 – 单页"选项,单击"创建"按钮,新建一个模板,如图 6-2 所示。

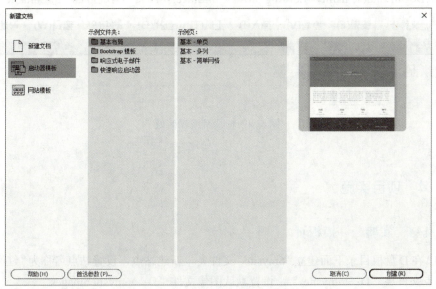

图 6-2 在资源面板中新建模板

3．内置 Bootstrap 模板

选择菜单栏中的"文件"|"新建文档"命令，在"新建文档"界面中选择"启动器模板"|"Bootstrap 模板"|"Bootstrap 电子商务"选项，单击"创建"按钮，即可创建内置 Bootstrap 模板，如图 6-3 所示。

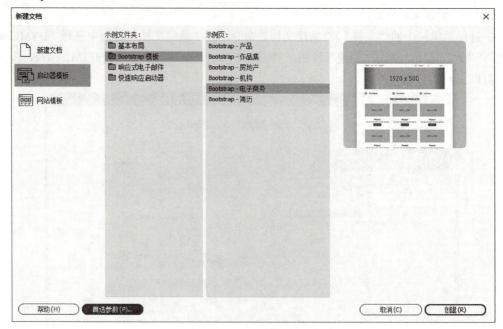

图 6-3　创建内置 Bootstrap 模板

6-3-2　创建可编辑区域

在网页中创建了可编辑区域，表示该区域为可修改区域。通过在菜单栏中单击"插入"|"模板对象"|"可编辑区域"命令，如图 6-4 所示。对应的可编辑区域的标签为：<!-- TemplateBeginEditable name="EditRegion1" -->EditRegion1<!-- TemplateEndEditable -->

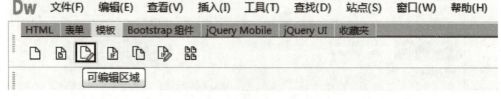

图 6-4　创建可编辑区域

6-4　项目实施

6-4-1　实验一　模板页

（1）在 D 盘根目录下面建立"6mysite"文件夹，新建站点，设置站点名称为"红酒网"，本地站点文件夹"D：\6mysite\"，设置默认图像文件"D：\6mysite\images"。

（2）选择"文件"|"新建"命令，弹出的"新建文档"对话框，选择"新建文档"|"HTML 模板"|"无"，如图 6-5 所示。

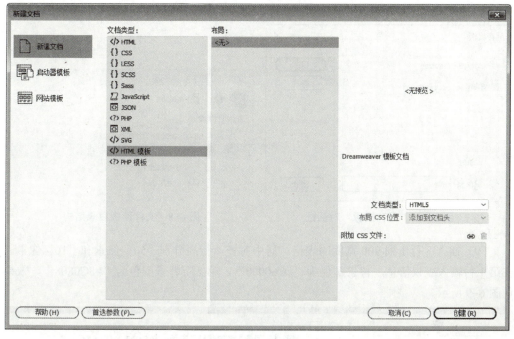

图 6-5　新建模板页

（3）在页面属性设置字体大小为"14"号，背景颜色为"#F8F1DE"，上、右、下、左边距为"0"像素，链接字体大小为"18"号，链接颜色为均白色"#ffffff"，插入 1 行 1 列"900"宽度的表格，居中对齐，设置背景颜色为"#8C0808"，高为"10"像素。

（4）插入 1 行 2 列 900 宽度的表格，居中对齐，列宽分别为"260px""640px"。第 1 列插入"logo.gif"，第 2 列编辑文本。

（5）插入 1 行 11 列 900 宽度的表格，居中对齐，高为"45"像素，背景颜色为"#C60000"。第 1、3、5、7、9、11 列为"140"像素宽，2、4、6、8、10 列为"10"像素宽，编辑文本。

（6）插入 1 行 1 列 900 宽度的表格，居中对齐，并在表格内插入图片"banner.jpg"。

（7）插入 1 行 1 列 900 宽度的表格，居中对齐。将光标定位在该单元格中，再选择"插入"|"模板"|"创建可编辑区域"命令，弹出"新建可编辑区域"对话框，如图 6-6 所示。

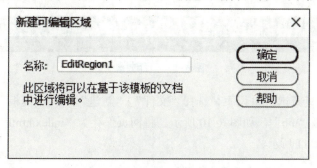

图 6-6　"新建可编辑区域"对话框

（8）保存模板网页，选择"文件"|"保存"命令，弹出"另存模板"对话框，"另存为"对话框中输入"mb"，如图 6-7 所示。同时，站点根目录自动生成一个 templates 文件夹，模板文件 mb.dwt 自动保存在里面，文件面板目录结构如图 6-8 所示。

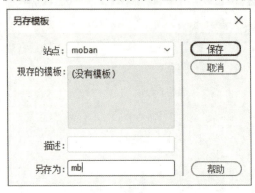

图 6-7　"另存模板"对话框　　　　图 6-8　文件面板目录结构

（9）插入 3 行 1 列 900 宽度的表格。居中对齐，行高分别"50"像素和"10"像素。在第 1 行输入版权信息，背景颜色为"#C60000"，第 2 行背景颜色为"#8C0808"，效果如图 6-9 所示。

图 6-9　页面效果

（10）套用模板新建 html 网页，选择"文件"|"新建"|"网站模板"，选择站点名称和上面新建的模板"mb"，如图 6-10 所示。将网页保存为"index.html"，修改中间的可编辑区域，如图 6-11 所示。

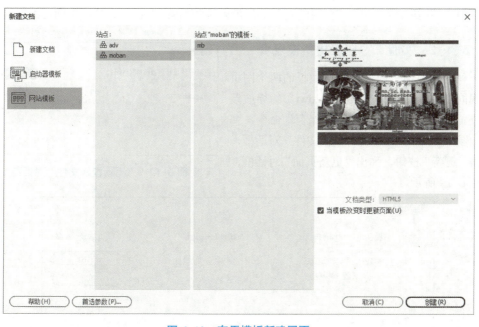

图 6-10　套用模板新建网页

图 6-11　页面效果

（11）重复步骤（10），套用模板"mb"新建网页"gsgk.html"，修改中间可编辑区域。

6-4-2　实验二　同步更新模板页

（1）修改模板内容，套用模板的两个网页实现同步更新。在模板页"mb.dwt"的导航条处设置链接，选择"文件"|"保存"命令，弹出如图 6-12 所示的"更新模板文件"对话框，单击"更新"按钮，弹出"更新页面"对话框，如图 6-13 所示。

图 6-12　"更新模板文件"对话框

图 6-13　"更新页面"对话框

（2）选择"文件"|"保存全部"命令，预览首页效果如图 6-14 和图 6-15 所示。

图 6-14　页面 index.html 效果

图 6-15 页面 gsgk.html 效果

6-5 进阶提高

6-5-1 音频 <audio></audio>

音频格式是指要在计算机内播放或处理音频文件，常见的音频格式有 CD 格式、WAVE（*.WAV）、AIFF、AU、MP3（MPEG）、MIDI、WMA、RealAudio、VQF、OggVorbis、AAC、APE 等。其中，WAVE（*.WAV）是微软公司开发的一种声音文件格式，支持多种压缩算法、多种音频位数、采样频率和声道。MP3 音频文件的压缩是一种有损压缩，能以极小的声音失真换来较高的压缩比。

音频 <audio>…</audio> 标签用于定义声音，如音乐或其他音频流。Audio 可支持 3 种文件格式：MP3、Wav、Ogg。音频对应的属性如表 6-2 所示。

表 6-2 audio 音频属性表

属性	描述
autoplay	自动播放
Controls	显示音频控件
Loop	循环播放
Muted	静音
Preload	是否默认被加载和如何被加载
src	关联的音频文件路径 URL

【实例】 为理解音频布局，制作如图 6-16 所示的效果。

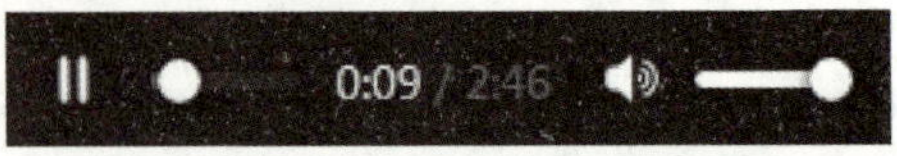

图 6-16 预览音频网页效果

新建一个 HTML5 页面，保存为"6_1.html"，编辑如下代码：
```
<!doctype html>
<html>
<head>
<meta charset="utf-8">
<meta name="viewport" content="width-device-width, initial-scale=1.0">
<title>音乐</title>
</head>
<body>
    <audio controls autoplay loop>
      <source src="audio/music.mp3">
      <source src="audio/music.wav">
    您的浏览器不支持 audio 元素。
    </audio>
</body>
</html>
```

代码解释说明：

audio 标签表示音频，controls 表示出现控制面板，autoplay 表示自动播放，loop 表示循环播放。source 标签的 src 引入不同格式的音频文件，浏览器如果不支持第一种格式（.mp3）的音频文件，就播放第二种音频格式（.wav）的文件。如果浏览器都不支持这些音频文件，就在浏览器中显示"您的浏览器不支持 audio 元素"。

6-5-2 视频 `<video></video>`

视频（Video）泛指将一系列静态影像以电信号的方式加以捕捉、记录、处理、储存、传送与重现的技术。视频格式是视频播放软件为了能够播放视频文件而赋予视频文件的一种识别符号。

常见的视频格式有：MPEG/MPG/DAT、RA/RM/RAM、MOV、ASF、WMV、AVI、RMVB、WebM 和 FLV 等。其中，MP4 全称 MPEG-4 Part 14，是一种使用 MPEG-4 的多媒体电脑档案格式，对于不同的对象可采用不同的编码算法，压缩效率高，具有良好的交互性、方便的集成自然音视频对象和合成音视频对象；MOV 是 QuickTime Movie 输出格式，由苹果公司在专业图形领域占统治地位，QuickTime 格式基本上成为电影制作行业的通用格式；WMV 视频有可扩充的媒体类型、本地或网络回放、可伸缩的媒体类型、流的优先级化、多语言支持、扩展性等优点；AVI 是由微软公司发布的视频格式，调用方便、图像质量好，压缩标准可任意选择，是应用最广泛、也是应用时间最长的格式之一；WebM

是由 Google 提出的一个开放、高质量、免费的媒体文件格式。常见的视频转换器工具有格式工厂、会声会影、Windows Moive Maker、魔影工厂等。

视频的 HTML5 标签格式如下：

```
<video width="320" height="240" controls autoplay loop>
      <source src="video/video1.mp4" type="video/mp4">
      您的浏览器不支持 HTML5 video 标签。
</video>
<video src="video/video1.mp4" width="320" height="240" controls autoplay loop></video>
```

【实例】 为理解视频布局，制作如图 6-17 所示的效果。

图 6-17 视频布局效果

新建一个 HTML5 页面，保存为 "6_2.html"，编辑如下代码：

```
<!doctype html>
<html>
<head>
<meta charset="utf-8">
<meta name="viewport" content="width-device-width, initial-scale=1.0">
<title>视频 </title>
</head>
<body>
    <video width="320" height="240" controls autoplay loop>
      <source src="video/video1.mp4" type="video/mp4">
      您的浏览器不支持 HTML5 video 标签。
    </video>
    <video src="video/video1.mp4" width="320" height="240" controls autoplay loop></video>
</body>
</html>
```

代码解释说明：

video 标签表示视频，controls 表示出现控制面板，autoplay 表示自动播放，loop 表示循环播放。source 标签的 src 引入不同格式的视频文件，浏览器根据支持情况选择对应的播放文件。如果都不支持这些视频文件，就在浏览器中显示"您的浏览器不支持 HTML5 video 标签"。如果只有一种格式，也可以 <video src="video/video1.mp4" width="320" height="240" controls autoplay loop></video> 播放视频文件。

6-5-3 实验二 内嵌模板页

（1）在菜单栏中选择"文件"|"新建"命令，选择"启动器模板"|"Bootstrap 模板"|"Bootstrap 电子商务"选项，如图 6-18 所示。

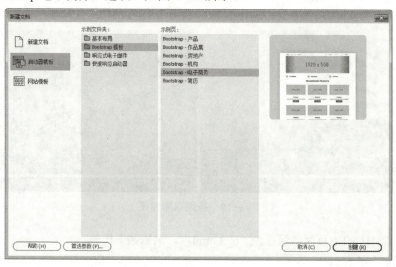

图 6-18 新建模板

（2）保存网页，在菜单栏中选择"文件"|"保存"命令，并将页面命名为"index.html"。

（3）预览该网页模板效果，如图 6-19 所示。

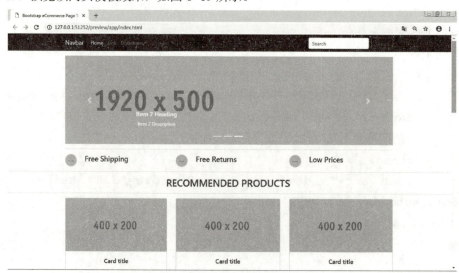

图 6-19 预览网页模板效果

（4）接下来修改网页中的显示效果，先准备图片素材，在"设计视图"中直接选中图片，在下面属性面板，选择"浏览文件"选项，替换原来的图片，同时选中文本进行替换，如图 6-20 所示。

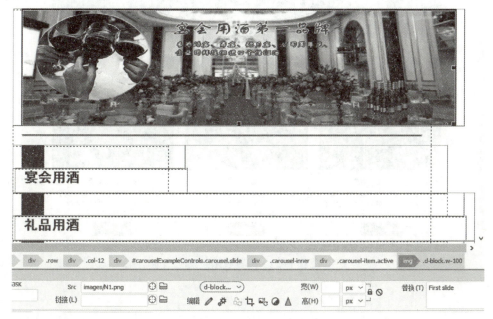

图 6-20　在设计视图修改

（5）切换到"代码视图"，直接修改图片的标签，如图 6-21 所示。
（6）修改替换网页元素后，选择"文件"|"保存"命令，网页显示效果如图 6-22 所示。

图 6-21　在代码视图中修改

图 6-22 网页显示效果

6-6 课后练习

一、单选题

1. HTML 模板文件的后缀为（　　）。

　　A．.html　　　　　　　　B．.dwt

　　C．.php　　　　　　　　 D．.doc

2. 每个网页模板中可以设置（　　）可编辑区域。

　　A．任意多个　　　　　　B．只能 1 个

　　C．2 个　　　　　　　　D．3 个以上

二、多选题

使用模板编辑网页有（　　）优点。

　　A．网站基础维护　　　　B．快速新建网页同步更新

　　C．同步更新　　　　　　D．以上都对

三、判断题

1. 模板是将一个事物的结构规律予以固定化、标准化的成果，它体现的是结构形式的标准化。（　　）

2. 网页模板是以 .dwt 为后缀名的文件。（　　）

3. 在网页制作过程中应用模板可节省大量时间，能够统一页面的结构和外观。（　　）

四、请参照本项目的相关知识，完成如图 6-23 所示的视频效果。

图 6-23　视频效果图

项目 7 CSS 层叠样式表

7-1 项目概述

CSS 样式主要对页面的布局、字体、颜色、背景、边框等进行设置，美化网页的外观。借助 Dreamweaver 强大的图形界面功能，可快速地新建和应用 CSS 规则。请结合 CSS 相关知识，设计完成"阳光小学网"。通过接受良好的学校教育，不仅增长了基础文化知识，而且培养了良好的行为习惯、健康的道德观念、和谐的人际交往能力、合理的安全防范意识和法制观念等，学校教育有利于学生树立正确的世界观。坚持科技是第一生产力、人才是第一资源、创新是第一动力，深入实施科教兴国战略、人才强国战略、创新驱动发展战略。

7-2 学习目标

本项目学习目标如表 7-1 所示。

表 7-1 学习目标

知识目标	技能目标
·理解标签选择器、类别选择器和 ID 选择器 ·掌握新建 CSS 样式规则和编辑 CSS 样式 ·掌握 CSS+Div 布局网页	灵活应用 CSS+Div 相关知识，设计制作一个"阳光小学网"

7-3 核心知识

CSS 就是 Cascading Style Sheets 层叠样式表，简称样式表。CSS 样式表可以对页面的布局、字体、颜色、背景、边框等效果实现更加精确的控制，有效地弥补了 HTML 在页面布局方面的不足。使用 CSS 能够简化网页的格式代码，加快下载显示的速度，外部链接样式可以同时定义多个页面，大大减少了重复劳动的工作量。

7-3-1 选择器

CSS 语法定义由 3 个部分构成：选择符/器（selector）、属性（properties）和属性的取值（value）。基本格式：selector {property: value}，选择符 { 属性：值 }，属性和值要用冒号隔开。

例 1：body {color：black}（页面中的文字为黑色），选择符 body 是指页面主体部分，color 是指文字颜色的属性，black 是颜色的值。

例 2：p {text-align: center；color: red}（段落居中排列；并且段落中的文字为红色），当需要对一个选择符指定多个属性时，用分号将所有的属性和值分开。

例 3：h1，h2，h3，h4，h5，h6 { color: green }（h1，h2，h3，h4，h5，h6 选择符组的文字颜色是绿色）。

HTML 语言中的标记是通过不同的 CSS 选择器进行控制的。选择器包括标记选择器、类别选择器和 ID 选择器等。

1. 标记选择器

CSS 标记选择器是指声明某个标记直接采用某个样式。例如，通过 h1 选择器用来声明页面中所有的 <h1> 标记的文字效果，标题 1 的文字显示成红色 50 号字，标记选择器格式如图 7-1 所示。

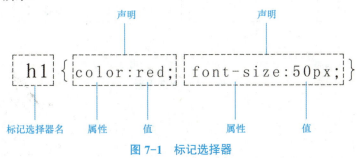

图 7-1　标记选择器

```
<style>
h1{
Color:red;
Font-size:50px;
}
</style >
```

2. 类别选择器

类别选择器的定义通常在最前面加一个点号，类别选择器的名称可自行定义，可以是任意英文单词或以英文开头与数字的组合，一般以其功能和效果简要命名，类别选择器格式如图 7-2 所示。

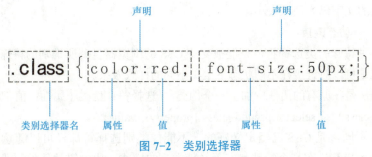

图 7-2　类别选择器

```
<style>
.one{Color: red; Font-size:50px; }
</style >
</head>
<body>
<p class="one">类别选择器 </p>
</body>
```

3．ID 选择器

在 HTML 页面中 ID 参数指定了某个单一元素，ID 选择器用来对这个单一元素定义单独的样式。ID 选择器的应用和类选择器类似，只要把 CLASS 换成 ID 即可。ID 选择器格式如图 7-3 所示。

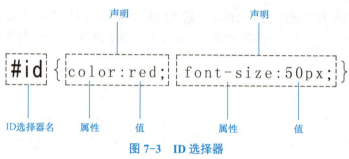

图 7-3　ID 选择器

```
<head>
<style>
#one{ Color: red; Font-size:50px; }
</style >
</head>
<body>
<p id=one> id选择器1</p>
</body>
```

4．复合选择器

1）包含选择符

可以单独对某种元素包含关系定义的样式表，元素 1 包含元素 2，这种方式只对在元素 1 中的元素 2 定义，对单独的元素 1 或元素 2 无定义。

例如： table a {font-size: 12px }，在表格内的链接改变了样式，文字大小为 12 像素，而表格外链接的文字仍为默认大小。

2）伪类——动态链接

伪类是一种特殊的类选择符，是能被支持 CSS 的浏览器自动所识别的特殊选择符。它的最大用处就是可以对链接在不同状态下定义不同的样式效果。

伪类的语法是在原有的语法中加上一个伪类，（选择符：伪类 {属性：值 }）

（pseudo-class）： selector:pseudo-class {property：value}

伪类和类不同，是 CSS 已经定义好的，不能像类别选择符那样可以随意命名，可以理解为对象（选择符）在某个特殊状态下（伪类）的样式。比如锚的伪类，我们最常用的是 4 种 a（锚）元素的伪类，它表示动态链接在 4 种不同的状态：link、visited、hover、active。

    a:link {color: #FF0000；text-decoration: none} /* 未访问的链接 */
    a:visited {color: #00FF00；text-decoration: none} /* 已访问的链接 */
    a:hover {color: #FF00FF；text-decoration: underline} /* 鼠标停留放在链接上 */
    a:active {color: #0000FF；text-decoration: underline} /* 激活链接 */

    提示：有时链接访问前鼠标指向链接时有效果，而链接访问后鼠标再次指向链接时却无效果了。这是因为把 a:hover 放在了 a:visited 的前面，这时由于后面的优先级高，当访问链接后就忽略了 a:hover 的效果。所以根据叠层顺序，在定义链接样式时，一定要按照 a:link，a:visited，a:hover，a:actived 的顺序书写。

7-3-2 应用 CSS

    定义好 CSS 样式后，需要在网页区块中应用样式效果，让样式与布局相互关联起来，从而可以让浏览器识别并调用。这里介绍 4 种在页面中应用样式的方法：行内式、内嵌式、链接式和导入式。

1. 行内式

    行内式也称内部样式表。行内样式直接对 HTML 标记使用 style 属性，然后将 CSS 代码直接写在其中。

```
<html>
<head>
<title>行内式</title>
</head>
<body>
<p style="color:#FF0000; fone-size:20px; text-decoration:underline; ">行内式 1</p>
<p style="color:#FF0000; fone-style:italic; ">行内式 2</p>
</body>
</html>
```

    行内式中为每一个标记设置 style 属性，后期维护成本高，网页容易过"胖"。

2. 内嵌式

    内部样式表是把样式表放到页面 <head></head> 区中，这些定义的样式就应用到页面中了，样式表是用 <style> 标记插入的，从下例中可以看出 <style> 标记的用法。

```
<head>
<style type="text/css">
p {margin-left: 20px}
body {background-image: url ("images/pic1.gif") }
</style>
</head>
```

    内嵌式中所有的 CSS 代码集中在 head 中同一个区域，方便了后期维护，页面有了一定程度的"瘦身"。

3. 链接式

链接式也称链接外部样式表，应用最为广泛。通常需要单独新建一个样式表文件，然后在页面中 <link> 标记链接到这个样式表文件。

```
<head>
<link rel="stylesheet" type="text/css" href="mystyle.css">
</head>
```

表示浏览器从 mystyle.css 文件中以文档格式读出定义的样式表。rel="stylesheet" 是指在页面中使用这个外部的样式表。type="text/css" 是指文件的类型是样式表文本。href="mystyle.css" 是文件所在的位置。

下面是一个链接式的实例，首先创建一个 HTML 文件。

```
<html>
<head>
<title>链接式</title>
<link rel="stylesheet" type="text/css" href="mystyle.css">
</head>
<body>
<h2>链接式1</h2>
<p>链接式2</p>
</body>
</html>
```

然后创建一个 mytyle.css 文件。

h2 { color:#FF0000；}

p {margin-left: 20px；}

可以看出，mystyle.css 样式表文件和 HTML 文件单独分开，一个外部样式表文件可以应用于多个 HTML 页面。当改变这个样式表文件时，引入该样式的所有页面都会改变。链接式有利于后期的修改，提高网页解析速度。

4. 导入式

导入外部样式表是指在页面初始化时就导入一个外部样式表，作为文件的一部分。导入 mystyle.css 样式表时使用 @import 语句，有以下几种形式。

@import mystyle.css；

@import "mystyle.css"；

@import url（"mystyle.css"）；

例中 @import "mystyle.css" 表示导入 mystyle.css 样式表，注意使用时外部样式表的路径。方法和链接导入样式表的方法相似，但导入外部样式表输入方式更有优势。实质上它相当于内部样式表中的一部分。

在 Dreamweaver 图形用户界面应用已经定义好的选择器时，只需先选择相应的区块，在下面 CSS 属性面板中选择已经定义好的选择器名即可。在给区块应用样式时，"标记选择器"自动应用样式效果，"类别选择器"通常写为 class=" 类别选择器名 "，"ID 选择器"可通过 id="ID 选择器名 " 来应用各个选择器效果。

7-3-3 盒子模型

网页中的所有元素都可以看成一个盒子，并占据着一定的空间。盒子通常包括内容（content）、填充（padding）、边框（border）、边界（margin），如图 7-4 所示。CSS 盒子模式都具备这些属性，每个属性都有 top、left、bottom 和 right 4 个方向。

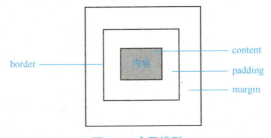

图 7-4　盒子模型

一个盒子的实际宽度应该由 content+padding+border+margin 组成。通常可以用 width 和 height 的大小来控制 content 的大小，再通过填充（padding）、边框（border）、边界（margin）4 个方向的值就能够确定盒子的位置大小。

在 CSS 中盒模型可分为两种：一是 W3C 标准模型，二是 IE 传统模型（IE6 以下）。它们都是对元素计算尺寸的模型，但在具体计算元素 width、height、padding、margin 和 border 的实际尺寸关系时有所区别。

1．W3C 的标准模型

1）内盒尺寸计算

元素高度 = 内容高度 height+ 内边距 padding + 边框粗细 border

元素宽度 = 内容宽度 width+ 内边距 padding + 边框粗细 border

2）外盒尺寸计算

元素空间高度 = 内容高度 height+ 内边距 padding + 边框粗细 border+ 外边距 margin

元素空间宽度 = 内容宽度 width+ 内边距 padding + 边框粗细 border+ 外边距 margin

2．IE 的传统模型

1）内盒尺寸计算

元素高度 = 内容高度 height（height 已经包含了元素内容宽度、边框和内边距）

元素宽度 = 内容宽度 width（width 已经包含了元素内容宽度、边框和内边距）

2）外盒尺寸计算

元素空间高度 = 内容高度 height+ 外边距 margin

元素空间宽度 = 内容宽度 width+ 外边距 margin

7-3-4　CSS 属性显示集

在使用 Dreamweaver CC 2018 编辑网页时，可借助其强大的图形用户界面，快速编辑 CSS，从而节约编辑代码的时间。"CSS 设计器"面板下面的属性显示集（图 7-5），主要包括五类，分别是布局类样式（图 7-6）、文本类样式（图 7-7）、边框类样式（图 7-8）、背景类样式（图 7-9）和其他样式。

图 7-5 属性显示集

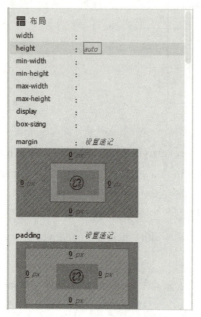

图 7-6 布局类样式

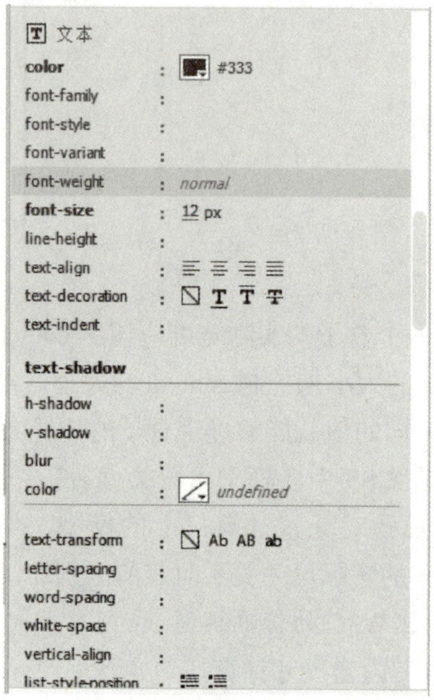

图 7-7 文本类样式

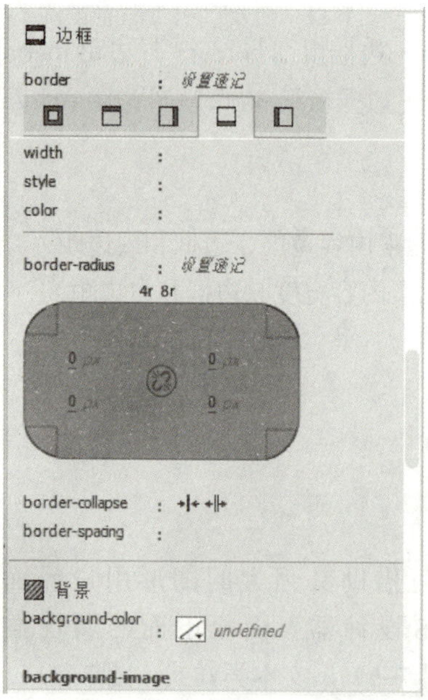

图 7-8 边框类样式

图 7-9 背景类样式

7-4 项目实施

"阳光小学网"包括首页、学校概况页、校园新闻页和教学资源 4 个网页，布局好网页后，借助 Dreamweaver 强大的图形界面功能快速定义了边框、下划线、图片列表、链接等样式，让网页的显示效果更生动和美观。

7-4-1 实验一 首页

（1）在 Dreamweaver 软件的菜单栏中，选择"站点"|"新建站点"命令，设置站点名称为"阳光小学"，本地站点文件夹为"D：\7mysite\"，并设置默认图像文件为"D：\7mysite\images\"。

（2）新建网页"index.html"，保存在站点根目录"D：\7mysite"中。

（3）在当前页面中，插入 1 行 2 列 850 像素宽度的表格，左边插入"logo.jpg"图片，右边嵌套 1 行 9 列 540 像素宽度 40 像素高度的表格，并右对齐。

（4）设置第 1，3，5，7，9 列宽为 100 像素，设置第 2，4，6，8 列宽为 10 像素，选中所有单元格，设置背景颜色为"#94BE21"，并输入相应文字，水平居中对齐，效果如图 7-10 所示。

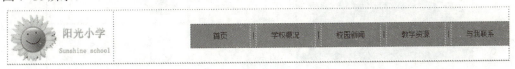

图 7-10 页面效果（1）

（5）插入 1 行 1 列 850 像素宽度的表格，再插入图片"shang.jpg"，效果如图 7-11 所示。

图 7-11 页面效果（2）

（6）插入 1 行 2 列 850 像素宽度的表格，设置左边为 200 像素宽、右边 650 像素宽，水平居中对齐、垂直顶端对齐，效果如图 7-12 所示。

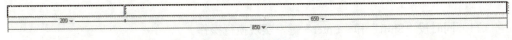

图 7-12 页面效果（3）

（7）将光标置于左边列内，嵌套 2 行 1 列 200 像素宽度的表格，第 1 行插入图片"top1.jpg"，效果如图 7-13 所示。

（8）第2行嵌套6行1列200像素宽度的表格，每个单元格插入一张图片，效果如图7-14所示。

图7-13　页面效果（4）

图7-14　页面效果（5）

（9）右边插入2行1列640宽度的表格，第1行插入图片"dot.png"，编辑文本，第2行嵌套一个1行2列620像素宽度的表格。

（10）设置第1列为360像素宽，嵌套7行2列95%宽的表格，每行的单元格高度为25像素，水平左对齐。第2列为240像素宽，并插入图片"tu1.jpg"，效果如图7-15所示。

图7-15　页面效果（6）

（11）同时按"Shift"和"Enter"键，实现换行操作。

（12）插入1行2列640像素宽度的表格，每列为320像素。第1列插入2行1列310像素宽度的表格，第一行插入图片"dot.png"。第2行嵌套1行2列95%宽度的表格，编辑文本，设置项目列表，文字前面出现小黑点，并水平左对齐。同理，可做第2列，效果如图7-16所示。

图 7-16 页面效果（7）

（13）同时按"Shift"和"Enter"键，实现换行操作。

（14）插入 1 行 3 列 640 像素宽度的表格，分别插入图片"pic1.jpg""pic2.jpg""pic3.jpg"，设置水平居中对齐，效果如图 7-17 所示。

图 7-17 页面效果（8）

（15）在底部插入 1 行 1 列 850 宽度的表格，高度设置 80 像素，单元格的背景颜色为"#94BE21"，并输入相应文字，效果如图 7-18 所示。

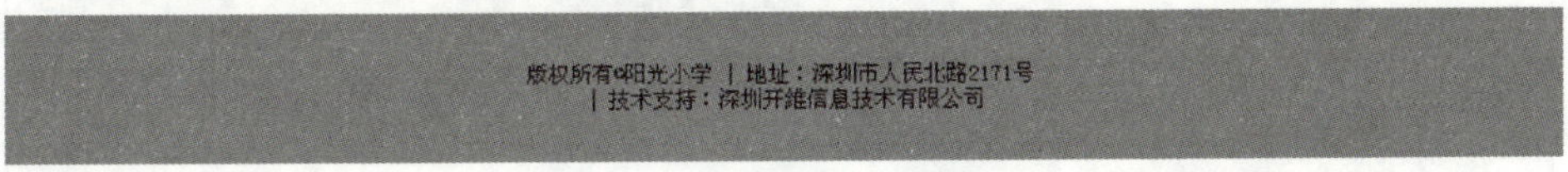

图 7-18 页面底部效果

（16）用表格布局网页后，网页效果如图 7-19 所示。

图 7-19 最终页面效果

（17）选择菜单栏的"窗口"|"CSS 设计器"命令，在右侧显示的 CSS 样式面板中，选择添加 CSS 样式，选择"创建新的 CSS 文件"选项，如图 7-20 所示。

（18）在弹出的"新建新的 CSS 文件"面板中，单击"浏览"按钮，如图 7-21 所示。

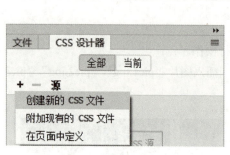

图 7-20　创建新的 CSS 文件

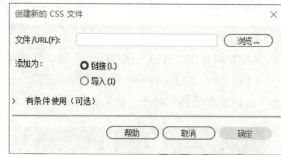

图 7-21　"创建新的 CSS 文件"面板

（19）选择样式文件根目录，将样式文件"styles.css"保存在 CSS 文件中，单击"保存"按钮，如图 7-22 所示。

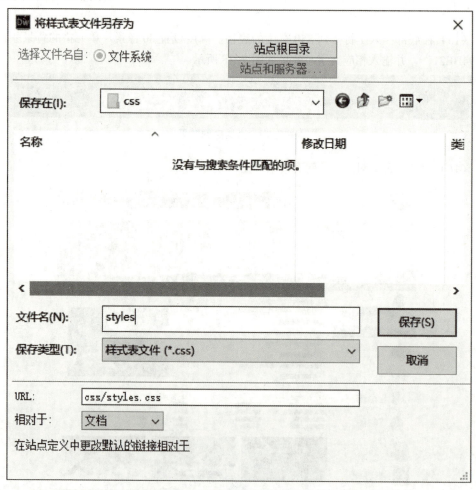

图 7-22　选择样式文件根目录

（20）选择"文件"|"保存全部"命令，在网页的 <head></head> 标签内自动添加引入

CSS 标签，<link href="css/styles.css" rel="stylesheet" type="text/css"> 项。在"状态栏"中单击"body"项，在右侧的"CSS 设计器"中单击"选择器"前面的"+"图标，下面将显示 <body> 标签，如图 7-23 所示。

（21）单击"属性"前的添加"+"图标，在右侧添加选择器"body"，取消选中"显示集"复选框，选择"文本"选项，选择文本颜色属性"color"，属性值"#333"，选择文字大小属性"font-size"，属性值"12px"，选中"显示集"复选框，如图 7-24 所示。

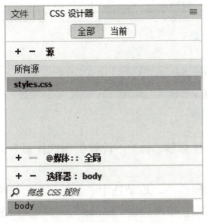
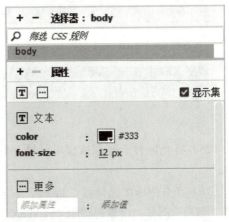

图 7-23　新建 CSS 规则　　　　　　　图 7-24　保存 CSS 样式表文件

（22）将导航条的文本设置为空链接"#"，在状态栏中单击链接标签"<.a>"，在右侧添加选择器"a"，在下面"显示集"中编辑文本颜色"color"、属性值"#ffffff"，文本大小属性"font-size"、属性值"16px"，文本修饰"text-decoration"、值为"none"，即链接文本为 16 号字体，颜色为白色，无文本修饰，如图 7-25 所示。

图 7-25　新建 CSS 规则

（23）继续添加选择器"a:hover"，在下面"显示集"中编辑文本颜色"color"、属性值"#000000"，文本修饰"text-decoration"、值为"underline"，即链接颜色为黑色，显示下划线。

（24）添加类别选择器".text-white"，在"显示集"中设置文本颜色属性"color"，值为白色"#fff"。将光标置于导航条的第 2 个列内并右击"状态栏"最右侧的标签"td"，设置类别选择器"text-white"，效果如图 7-26 所示。同理，将导航条的第 4、6、8 列所在单元格"td",设置类别选择器"text-white",效果如图 7-27 所示。

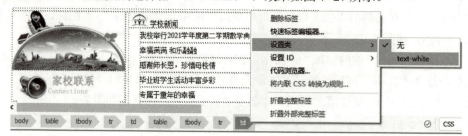

图 7-26　页面效果

图 7-27　页面效果

（25）将光标置于底部版权单元格,右击状态栏标签"td",设置类别选择器"text-white"。

（26）在右侧添加选择器".kuang",在下面的属性中,取消选中"显示集"复选框,单击"布局"图标,设置内边距"padding"为"2px"。单击边框"border",设置"width"宽度为"1px","style"样式为"solid"实线,"color"颜色为"#94BE21",再选择"顶部"边框,设置"style"样式为"none",效果如图 7-28 所示。将光标置于左侧图片所在单元格,在状态栏中选中"td",在底部属性面板"类"中选择"kuang",应用边框效果。

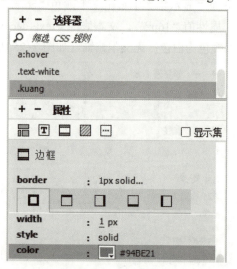

图 7-28　页面效果

（27）在右侧添加选择器".news",在"显示集"中选择文本,设置文本颜色为"#99DBDC","font-weight"为"bold"加粗显示,字体大小为 14 号,再单击边框"border",设置"width"宽度为"1px","style"样式为"solid"实线,"color"颜色为"#94BE21",再选择"底部"边框,设置"style"样式为"none",圆角边框"border-radius"左上角、右上角、右下角、左下角分别为"20px""20px""0""0",效果如图 7-29 所示。

（28）将光标置于"学校新闻"所在单元格"td",在底部属性面板"类"中选择

"kuang",在底部属性面板设置类"news"。选中其正下方的单元格"td",在底部属性面板设置类"kuang",应用边框效果,如图7-30所示。

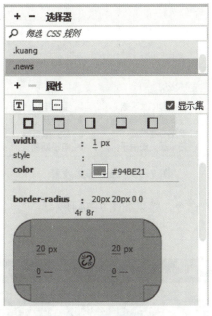

图7-29 页面效果　　　　　　　　　　　图7-30 应用边框

(29)同理,将类别选择器".kuang"和".news"应用于"教学资源"和"部门导航"两部分。

(30)继续新建选择器".xu",添加边框属性"border",在"显示集"中选择边框,设置底部边框"border-bottom"的边框粗细、线型和颜色分别为"1px""dashed""#99DBDC"。应用于"学校新闻"下面的新闻条目中,效果如图7-31所示。

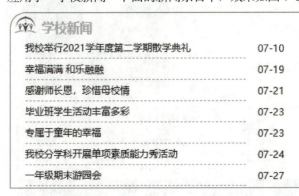

图7-31 应用边框效果

(31)继续新建选择器".pict",将无序列表换成小图片。在"显示集"中选择布局,设置外边距"margin"为"1px"。单击"文本"图标,设置列表样式图片"list-style-image",浏览选择图片"xm.gif",如图7-32所示。

(32)为"教学资源"下面的文本设置为无序列表,选择"状态栏"中的无序列表标签"ul",右击类别选择器".pict",应用样式效果如图7-33所示。

图 7-32　新建 CSS 规则　　　　　　　　图 7-33　应用样式效果

（33）在菜单栏中选择"文件"|"保存全部"命令，效果如图 7-34 所示。

图 7-34　最终网页效果

7-5 进阶提高

7-5-1 CSS+DIV 介绍

在设计网页时，能否控制好各个元素在页面中的显示位置是非常重要的。前几章在制作网页时，分别使用了表格、框架、模板来进行页面布局，接下来介绍一种应用最广泛的布局方式，即"CSS + Div"布局，使用层叠样式表和HTML网页标签共同完成网页的布局。

<div> 就是一个区块容器标记，用来封闭数据区域，属于行级区域，<div> 和 </div> 之间相当于一个容器，可以容纳表格、段落、标题、图片等元素。<span> 标记也是一个区块容器标记，可以容纳各种 HTML 元素。它是一个行内元素，元素之间不会换行，<div> 是一个块级元素，它包含的元素会自动换行。<div></div> 间可包含 <span>，但 <span></span> 间不能包含 <div>。

7-5-2 CSS+DIV 的应用

【实例】 使用 CSS+DIV 标签制作完成图 7-35 所示的页面。

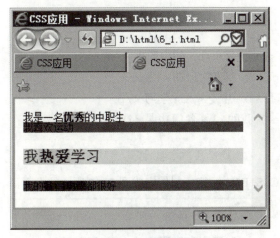

图 7-35 页面效果

在 Dreamweaver 中新建一个空白的 HTML 文档"7_1.html"，在代码视图中编辑如下代码标签：

```
<!doctype html>
<html>
<head>
<meta charset="utf-8">
<title>CSS 应用 </title>
<style type="text/css">
    body {
        font-family: " 宋体 ";
        font-size: 12px;
    }
```

```
        b{
            background-color: #CFC;
        }
        .ccc{
            background:#F00;
        }
        #fff{
            background: #FF0;
            font-size: 18px;
        }
        .ccc b{
            background:#00F;
        }
    </style>
</head>

<body>
<div> 我是一名 <b> 优秀 </b> 的中职生 </div>
<div class="ccc"> 我喜欢运动 </div>
<p id="fff"> 我 <b> 热爱 </b> 学习 </p>
<p class="ccc"> 我的 <b> 各门功课 </b> 都很好 </p>
</body>
</html>
```

【实例】 使用 CSS+DIV 标签,制作完成图 7-36 所示的页面。

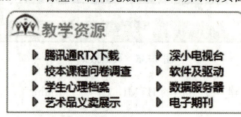

图 7-36 页面效果

新建网页"7_2.html",编辑如下 HTML 标签:
```
<!doctype html>
<html>
<head>
<meta charset="utf-8">
<title>CSS</title>
<link href=" css/7_3style.css" rel="stylesheet" type="text/css" />
</head>
```

```
<body>
    <div id="div2"><img src="image/dot.jpg"/>教学资源</div>
    <div id="div3"><table width="250" border="0" cellspacing="0" cellpadding="0">
            <tr>
                <td class="liebiao"><ul>
                        <li>腾讯通 RTX 下载 </li>
                        <li>校本课程问卷调查 </li>
                        <li>学生心理档案 </li>
                        <li>艺术品义卖展示 </li>
                    </ul>
                </td>
                <td class="liebiao"><ul>
                        <li>深小电视台 </li>
                        <li>软件及驱动 </li>
                        <li>数据服务器 </li>
                        <li>电子期刊 </li>
                    </ul>
                </td>
            </tr>
        </table>
    </div>
</body>
</html>
```

对应的样式文件"css/7_2style.css",编辑如下 CSS 标签:

```
#div2{
    width:260px;
    height: 20px;
    padding:2px;
    border-radius: 10px 10px 0px 0px;
    border: solid 1px #94BE21;
    border-bottom-style:none;
    color:#6CC;
    font-family:" 黑体 ";
    font-size:18px;
}
#div3{
    width:260px;
    height: 80px;
```

```
    padding:2px;
    border: solid 1px #94BE21;
    border-top-style:none;
}
.liebiao {
    list-style-image: url(image/xm.gif);
    font-size: 12px;
    margin: 0px;
    padding: 0px;
}
```

标签解释说明:"border-radius"为 HTML5 中的新标签,表示边框半径,当边框半径为 0,表示直角。值越大,弯度越大。IE9+、Firefox 4+、Chrome、Safari 5+ 以及 Opera 支持"border-radius"属性。"border-radius: 10px 10px 0px 0px"表示左上角和右上角的边框半径为 10px,右下角和左下角的边框半径为 0。

【实例】 使用 CSS+DIV 标签,制作完成图 7-37 所示的页面布局。

图 7-37 布局效果图

新建网页"7_3.html"文档,在代码视图中输入如下代码标签:

```
<!doctype html>
<html>
<head>
<meta charset="utf-8">
<title>菜单</title>
```

```css
<style type="text/css">
body {
    color: #000000;
    font-family: " 微软雅黑 ";
    font-size: 100%;
}
.center {
    margin: 0 auto;
    width: 960px;
}
.center .mand {
    display: block;
    width: 100%;
    padding-bottom: 10px;
    text-align: center;
}
.center .max-pacu {
    width: 100%;
    height: 640px;
    background-image: url(image/BSK-bg.png);
    background-position: 50% 0%;
    background-repeat: no-repeat;
}
.center .max-pacu ul {
    padding: 0;
    margin: 0;
    list-style-type: none;
}
.max-pacu ul li {
    width: 320px;
    height: 320px;
    float: left;
    text-align: center;
}
ul li span {
    display: block;
    font-weight: bold;
    font-size: 36px;
    font-family: " 黑体 ";
```

```
        }
        ul li em {
            display: block;
            font-family: " 微软雅黑 ";
            font-size: 24px;
        }
        .max-pacu ul .cu1 {
            color: #39047B;
        }
        .max-pacu ul .cu2 {
            color:#832C2E;
        }
        .max-pacu ul .cu3 {
            color:#F99709;
        }
        .max-pacu ul .cu4 {
            color:#2DF506;
        }
        .max-pacu ul .cu5 {
            color:#BC0BF5;
        }
        .max-pacu ul .cu6 {
            color:#0C3EFD;
        }
    </style>
</head>

<body>
    <div class="center">
        <span class="mand"><img src="image/BSK0.png" alt="0"></span>
        <div class="max-pacu">
            <ul>
                <li class="cu1">
                    <img src="image/BSK1.png" alt="1">
                    <span>汉堡</span>
                    <em>BURGERS</em>
                </li>
                <li class="cu2">
                    <img src="image/BSK2.png" alt="2">
```

```
                <span>超值套餐</span>
                <em>VALUE MEAL</em>
            </li>
            <li  class="cu3">
              <img src="image/BSK3.png" alt="3">
                <span>早餐</span>
                <em>BREAKFAST</em>
            </li>
            <li  class="cu4">
              <img src="image/BSK4.png" alt="4">
                <span>小食</span>
                <em>SIDES</em>
            </li>
            <li  class="cu5">
              <img src="image/BSK5.png" alt="5">
                <span>甜品</span>
                <em>DESSERTS</em>
            </li>
            <li  class="cu6">
              <img src="image/BSK6.png" alt="6">
                <span>饮料</span>
                <em>BEVERAGES</em>
            </li>
        </ul>
      </div>
    </div>
  </body>
</html>
```

标签解释说明：背景属性包括：background-color 背景颜色、background-position 背景图像的位置、background-size 背景图片的大小、background-repeat 水平和垂直方向的重复背景、background-origin 背景图像的定位区域、background-cli 背景图像的绘画区域 p、background-attachment 背景图像固定或随页面滚动和 background-image 背景图像。background-position：50% 0%; 表示背景图像的位置，水平方向 50%，垂直方向 0%。左上角是 0% 0%，右下角是 100% 100%。单位可以是像素（0px 0px），还可以用 left、center、right 表示水平位置，top、center、bottom 垂直位置

保存预览网页效果。

【实例】 使用 CSS+DIV 标签，制作完成图 7-38 所示的汽车之家车型导航。

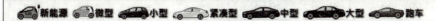

图 7-37 布局效果图

新建网页"7_4.html"文档,在代码视图中编辑如下标签:

```html
<!doctype html>
<html>
<head>
<meta charset="utf-8">
<title>车型导航</title>
<style type="text/css">
    .toptype{
        min-width: 900px;
        margin: 0 auto;
        box-sizing: border-box;
        border:1px solid red;
    }
    .toptype ul{
        list-style-type: none;
        padding: 10px 0;
        width: 900px;
        margin: 0 auto;
        overflow: hidden;
    }
    .toptype ul li{
        float: left;
        height: 40px;
        line-height: 40px;
        padding: 0 10px;
        box-sizing: border-box;
        background: url(image/carnav_icons.png) no-repeat;
        text-align: right;
    }
    .toptype ul li:nth-child(1){
        width: 120px;
        background-position: left -0px;
    }
    .toptype ul li:nth-child(2){
        width: 99px;
        background-position: left -37px;
    }
    .toptype ul li:nth-child(3){
        width: 116px;
```

```css
        background-position: left -70px;
    }
    .toptype ul li:nth-child(4) {
        width: 150px;
        background-position: left -104px;
    }
    .toptype ul li:nth-child(5) {
        width: 132px;
        background-position: left -140px;
    }
    .toptype ul li:nth-child(6) {
        width: 140px;
        background-position: left -212px;
    }
    .toptype ul li:nth-child(7) {
        width: 130px;
        background-position: left -323px;
    }
    a{
        text-decoration: none;
        color:#000000;
        font-size: 20px;
        font-weight: bolder;
        height: 40px;
        line-height: 40px;
        display: block;
        text-shadow: 1px 1px 3px #333;
    }
</style>
</head>

<body>
    <!-- 车型开始 -->
    <div class="toptype">
        <ul>
            <li><a href="#">新能源</a></li>
            <li><a href="#">微型</a></li>
            <li><a href="#">小型</a></li>
            <li><a href="#">紧凑型</a></li>
```

```html
            <li><a href="#">中型</a></li>
            <li><a href="#">大型</a></li>
            <li><a href="#">跑车</a></li>
        </ul>
    </div>
    <!-- 车型结束 -->
</body>
</html>
```

标签解释说明：

第一个 li 的样式：li:first-child { background:#f00; }
最后一个 li 的样式：li:last-child { background:#000; }
第 n 个 li 的样式：li:nth-child(n) { background:#000; }
倒数第二个 li 的样式：nth-last-of-type(2){ background:#000; }
奇数列表：li:nth-child(odd) { background:#f00; }
偶数列表：li:nth-child(even) { background:#f00; }

文本阴影表示方式为 text-shadow: h-shadow v-shadow blur color; 四个属性依次表示水平阴影的位置（必填）、垂直阴影的位置（必填）、模糊的距离、阴影的颜色。

7-6 课后练习

一、单选题

1. 属性 Color 颜色主要用于设置（　　）。
   A．文本的颜色　　　　　　　　B．文本的修饰样式
   C．偏斜体　　　　　　　　　　D．文本的字号
2. 属性 Width 主要用于设置（　　）。
   A．元素的高度　　　　　　　　B．元素的宽度
   C．文字间距　　　　　　　　　D．文本对齐
3. 属性 Text-indent 用于设置文本块中的（　　）。
   A．字母的大小写　　　　　　　B．文本的字号
   C．首行文本缩进　　　　　　　D．文本的颜色

二、多选题

1. CSS 语法定义是由（　　）三个部分构成。
   A．选择符/器（selector）　　　B．属性（properties）
   C．属性的取值（value）　　　　D．均不对
2. CSS 选择器有（　　）。
   A．标记选择器　　　　　　　　B．类别选择器
   C．ID 选择器　　　　　　　　　D．复合选择符
3. 应用样式的方法有（　　）。
   A．行内式　　　　　　　　　　B．内嵌式
   C．链接式　　　　　　　　　　D．导入式

4. 最常用的是4种a（锚）元素的伪类表示（　　）动态链接状态。
   A．link　　　　　　　　　　B．visited
   C．hover　　　　　　　　　 D．active

三、判断题

1. CSS 就是 Cascading Style Sheets 层叠样式表，简称样式表。（　　）
2. 类别选择符的最前面加一个点号，名称可自行定义，可以是任意英文单词或以英文开头与数字的组合。（　　）
3. Font-family 字体类型用于设置文本的字体类型，如黑体、宋体等。（　　）
4. Font-size 字体大小，用于设置文本的字号。（　　）
5. Font-weight 用于设置文本的粗细值，normal 正常相当于 400，bold 粗体相当于 700。（　　）
6. Line-height 用于设置文本所在行的行高。（　　）
7. Text-decoration 修饰，用于设置文本的修饰样式，包括下划线、上划线、删除线、闪烁和无。（　　）
8. overflow 溢出：设置内容走出其大小时的处理方式。（　　）
9. 背景面板中 Background-color 设置网页的背景颜色。（　　）

四、请使用 CSS+DIV 标签，制作完成如图 7-39 所示的页面效果。

图 7-39　名胜古迹效果图

项目 8 网页布局

8-1 项目概述

在设计网页时能否准确地对各个网页元素进行布局是非常重要的,前面的相关项目中介绍了使用表格、框架、模板等知识布局设计网页。本项目主要介绍几种常用的 CSS + Div 网页布局方法,包括浮动布局、定位布局、多列布局等,请结合布局相关知识用 CSS + Div 制作完成简单的网页布局。在编辑代码标签时,需要耐心细致,还要爱岗敬业,加强专业理论学习,专注行业发展动态,钻研新技术、新方法。加快实现高水平科技自立自强,增强自主创新能力,加快实施创新驱动发展战略。

8-2 学习目标

本项目学习目标如表 8-1 所示。

表 8-1 学习目标

知识目标	技能目标
·了解常见的几种网页布局方法 ·掌握 HTML+CSS 浮动和定位布局 ·了解 bootstrap 前端框架	灵活应用各种布局方法实现网页的布局

8-3 核心知识

8-3-1 浮动布局

浮动主要是通过 float 属性实现的。浮动的框可以向左或向右移动,直到它的外边缘碰到包含框或另一个浮动框的边框为止。浮动 float 属性设置如表 8-2 所示。

表 8-2 浮动 float 属性设置表

值	说明
none	默认值,元素不浮动,并会显示在其在文本中出现的位置
left	元素向左浮动
right	元素向右浮动

清除浮动可使用 clear 属性，它的值可以是 left、right、both 或 none，它定义了元素的哪个边上不允许出现浮动元素。

8-3-2 定位布局

定位布局包括绝对定位布局、相对定位布局和固定定位布局。定位布局主要由 position 属性决定，再根据上（top）、右（right）、下（bottom）、左（left）的值来判断元素的位置。position 属性值的含义如表 8-3 所示。

表 8-3 定位布局 position 属性设置

属性值	描述
static	HTML 元素的默认值，即没有定位，元素框出现在正常的流中
relative	相对定位，以这个元素本来应该在的初始位置为参照点，元素框相对参照点加或减一定距离
absolute	绝对定位，元素框从文档流完全删除，有定位的祖先元素就是距离祖先元素的距离，没有就是距离浏览器的距离
fixed	固定定位，它是相对于整个浏览器视窗本身来定位的。相对于浏览器窗口是固定位置，即使窗口是滚动的它也不会移动。与文档流无关，不占据空间

8-3-3 多列布局

用多列布局可轻松创建多个列，类似分栏的效果。

1．多列布局属性

·Columns：column-width 设置列的宽度，该宽度为网页缩到最窄时的宽度；column-count 设置元素应该被分隔的列数，默认为 auto。

·column-rule：column-rule-color 设置列规则的颜色；column-rule-style 设置列规则的样式；column-rule-width 设置列规则的宽度。

·column-span: 设置元素横跨的列数，默认为 1。

·column-gap: 设置列与列之间的间隔。

·column-fill: 设置如何填充列。

2．浏览器支持

Internet Explorer 10 和 Opera 15 支持 column-rule 属性。

Firefox 支持替代的 -moz-column-rule 属性。

Safari 和 Chrome 支持替代的 -webkit-column-rule 属性。

注释：Internet Explorer 9 以及更早版本的浏览器不支持 column-rule 属性。

8-4 项目实施

8-4-1 实验一 浮动布局

用浮动布局来制作如图 8-1 所示的页面效果。

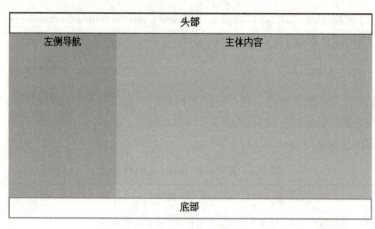

图 8-1 页面效果

新建一个空白的 HTML5 文档"8_1.html",编辑如下标签:
```
<!doctype html>
<html>
<head>
<meta charset="utf-8">
<title>浮动</title>
<link rel="stylesheet" type="text/css" href="CSS/8_1style.css">
</head>
<body>
    <header>头部</header>
    <aside>左侧导航</aside>
    <section>主体内容</section>
    <footer>底部</footer>
</body>
</html>
```
对应的 CSS 内容如下,可在 Dreamweaver 的 CSS 面板中编辑得到:
```
@charset "utf-8";
/* CSS Document */
*{
   margin:0;
   padding:0;
   box-sizing:border-box;
 }
html,body{
   width:100%;
   font-size:1.2em;
   line-height:28px;
```

```css
}
header{
    height:10%;
    border:1px solid #F00;
    text-align:center;
}
aside{
    width:30%;
    height:200px;
    float:left;
    text-align:center;
    background:lightblue;
}
section{
    width:70%;
    height:200px;
    float:right;
    text-align:center;
    background:rgba(60,60,60,0.2);
}
footer{
    border:1px solid #0F0;
    clear:both;
    text-align:center;
}
```

8-4-2 实验二 定位布局

用定位布局来制作如图 8-2 所示的页面效果。

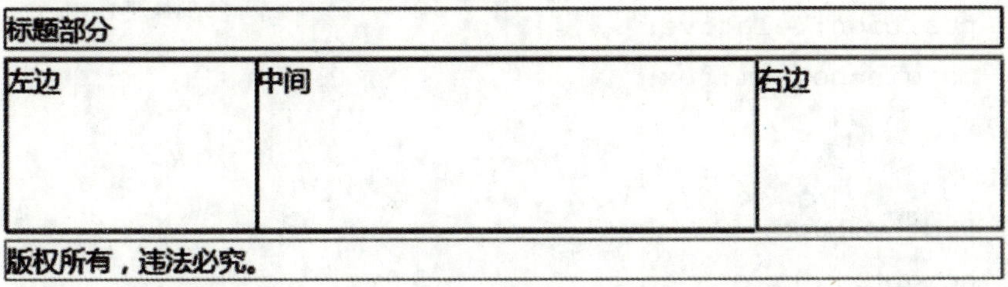

图 8-2 页面效果

新建一个空白的 HTML5 文档"8_2.html",编辑如下标签:

```
<!doctype html>
<html>
```

```html
<head>
<meta charset="utf-8">
<title>定位布局</title>
<link rel="stylesheet" type="text/css" href="CSS/8_2style.css">
</head>
<body>
     <div id="header">标题部分</div>
     <div id="section">
          <div id="left">左边</div>
          <div id="main">中间</div>
          <div id="right">右边</div>
     </div>
     <div id="footer">版权所有,违法必究。</div>
</body>
</html>
```

对应的 CSS 内容如下,可在 Dreamweaver 的 CSS 面板中编辑得到:

```css
@charset "utf-8";
/* CSS Document */
#header{
    width:600px;
    margin:0 auto;
    border:1px solid black;
    margin-bottom:5px;
}
#section{
    margin:0 auto;
    border:1px solid red;
    width:600px;
    height:100px;
    position:relative;
    margin-bottom:5px;
}
#left{
    width:150px;
    height:100px;
    border:1px solid green;
}
#main{
    width:300px;
```

```
        height:100px;
        border:1px solid black;
        position:absolute;
        top:0;
        left:150px;
}
#right{
        width:150px;
        height:100px;
        border:1px solid yellow;
        position:absolute;
        top:0;
        left:450px;
}
#footer{
        margin:0 auto;
        width:600px;
        border:1px solid gray;
}
```

8-4-3 实验三 多列布局

用多列布局来制作如图 8-3 所示的页面效果。

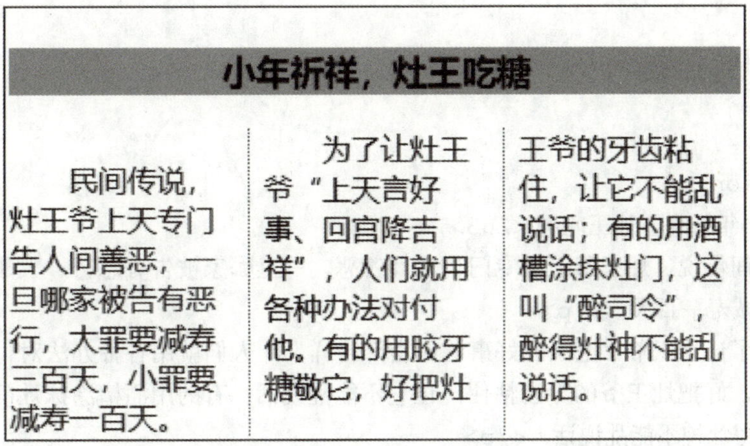

图 8-3 多列布局页面效果

新建一个空白的 HTML5 文档 "8_3.html",编辑如下标签:
```
<!doctype html>
<html>
<head>
<meta charset="utf-8">
```

```
<title>多列布局</title>
<style>
section{
    width:400px;
    border:1px outset blue;
    padding:2px;
    -moz-column-count:3; /* Firefox */
    -webkit-column-count:3; /* Safari and Chrome */
    column-count:3;
    -moz-column-rule:1px dotted #ff0000; /* Firefox */
      -webkit-column-rule:1px dotted #ff0000; /* Safari and Chrome */
    column-rule:1px dotted #ff0000;
}
h3{
text-align:center; background:#F96;
    -moz-column-span:all; /* Firefox */
    -webkit-column-span:all; /* Safari and Chrome */
    column-span:all;
}
p{
text-indent:2em;
}
</style>
</head>
<body>
<section>
<h3>小年祈祥，灶王吃糖</h3>
<p>民间传说，灶王爷上天专门告人间善恶，一旦哪家被告有恶行，大罪要减寿三百天，小罪要减寿一百天。</p>
<p>为了让灶王爷"上天言好事、回宫降吉祥"，人们就用各种办法对付他。有的用胶牙糖敬它，好把灶王爷的牙齿粘住，让它不能乱说话；有的用酒糟涂抹灶门，这叫"醉司令"，醉得灶神不能乱说话。</p>
</section>
</body>
</html>
```

请分别尝试在不同的浏览器中预览网页，在谷歌浏览器中的预览效果，如图8-4所示。

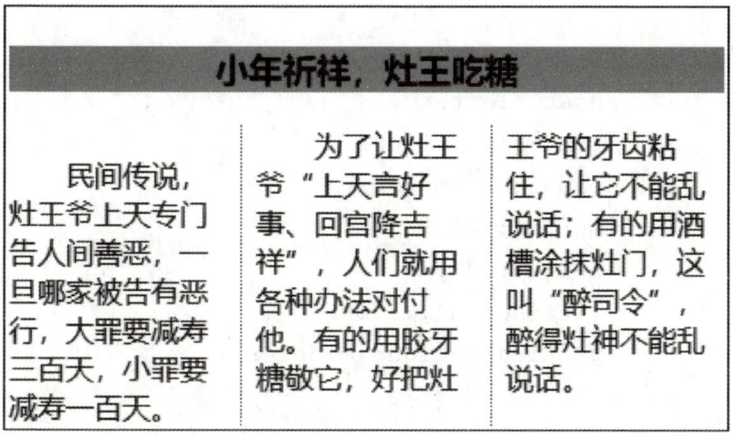

图 8-4　使用谷歌浏览器预览网页效果

8-5　进阶提高

8-5-1　导航条

【实例】使用浮动布局完成如图 8-5 所示的导航条。

图 8-5　导航条

新建网页"8-1.html",制作导航条的标签如下:

```
<!doctype html>
<html>
<head>
<meta charset="utf-8">
<title>导航条</title>
    <style>
        .navs{
            width: 650px;
            height: 42px;
            margin: 0 auto;
            padding: 3px 50px;
            border-radius: 45px;
            background: orange;
        }
        ul{
            padding: 0;
            margin: 0;
        }
```

```css
li{
    list-style: none;
    float: left;
    font-size: 18px;
    padding: 3px 5px;
    margin: 2px;
    height: 33px;
    line-height: 33px;
    vertical-align: middle;
}
a:link{
    text-decoration: none;
    color: #61060a;
    font-weight: bolder;
}
a:hover{
    text-decoration: underline;
    color: #af0300;
}
</style>
</head>

<body>
    <div class="navs">
        <ul>
            <li><a href="#">APP 下载 </a></li>
            <li>|</li>
            <li><a href="#">网上订餐 </a></li>
            <li>|</li>
            <li><a href="#">手机自助点餐 </a></li>
            <li>|</li>
            <li><a href="#">新闻中心 </a></li>
            <li>|</li>
            <li><a href="#">餐厅查询 </a></li>
            <li>|</li>
            <li><a href="#">关注我们 </a></li>
        </ul>
    </div>
</body>
</html>
```

8-5-2 家常菜推荐

【实例】 运用绝对定位和相对定位等知识，制作完成图 8-6 所示效果。

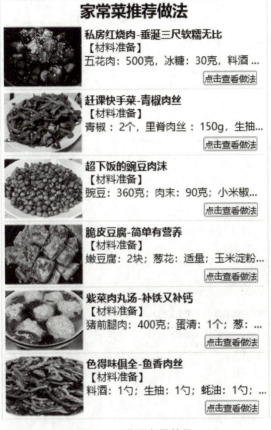

图 8-6 网页布局效果

新建网页 8-2.html，编辑如下标签：

```
<!doctype html>
<html>
<head>
<meta charset="utf-8">
<meta name="viewport" content="width=device-width, initial-scale=1.0">
<title>绝对定位和相对定位</title>
<style>
    *{
        margin:0;
        padding:0;
    }
    ul{
        margin: 5px;
```

```
            }
            li{
                position: relative;
                border-bottom:1px solid #ccc;
                padding-top:5px;
                list-style-type:none;
            }
            h4{
                position: absolute;
                left:125px;
                top:5px;
            }
            div{
                position: absolute;
                left:125px;
                top:25px;
                overflow: hidden;
                text-overflow: ellipsis;
                white-space: nowrap;
                width:70%;
            }
            button{
                position: absolute;
                right:10px;
                bottom:5px;
            }
        </style>
    </head>
    
    <body>
        <h2 align="center">家常菜推荐做法</h2>
    <ul>
    <li>
        <img src="images/y1.jpg" alt="y1" width="120">
    <h4>私房红烧肉-垂涎三尺软糯无比</h4>
    <div>【材料准备】<br>
                    五花肉：500克，冰糖：30克，料酒：20克，老抽：2克，生抽：5克，姜：15克，大葱：5克，八角：2个，香叶：4片，桂皮：2克，食用油：5克，盐：适量；   </div>
```

```html
                    <button> 点击查看做法 </button>
                </li>
                <li>
                    <img src="images/y2.jpg" alt="y2" width="120">
<h4> 赶课快手菜 - 青椒肉丝 </h4>
<div>【材料准备】<br>
                    青椒：2 个，里脊肉丝：150g，生抽：2 勺，老抽：1 勺，水淀粉：半碗水 2 勺粉，耗油：1 勺，料酒：2 勺，盐：10 克，糖：半勺，胡椒粉：10 克；</div>
                    <button> 点击查看做法 </button>
                </li>
                    <li>
                    <img src="images/y3.jpg" alt="y3" width="120">
<h4> 超下饭的豌豆肉沫 </h4>
<div>【材料准备】<br>
                    豌豆：360 克；肉末：90 克；小米椒：3 个；蒜片：5 片；姜片：4 片；葱花：2 根；蒜末：5 瓣 ( 剁细一些 )；老抽：1 小勺；生抽：1 勺；盐：适量；白胡椒粉：适量；</div>
                    <button> 点击查看做法 </button>
                </li>
                    <li>
                    <img src="images/y4.jpg" alt="y4" width="120">
<h4> 脆皮豆腐 - 简单有营养 </h4>
<div>【材料准备】<br>
                    嫩豆腐：2 块；葱花：适量；玉米淀粉：半碗；鸡蛋：1 个；生抽：2 勺；蚝油：1 勺；老抽：半勺；白糖：半勺；</div>
                    <button> 点击查看做法 </button>
                </li>
                <li>
                    <img src="images/y5.jpg" alt="y5" width="120">
<h4> 紫菜肉丸汤 - 补铁又补钙 </h4>
<div>【材料准备】<br>
                    猪前腿肉：400 克；蛋清：1 个；葱：1 根；姜：1 片；淀粉：1 勺；盐：半勺；鸡精：半勺；紫菜：适量；香菜：1 根；香油：1 勺；</div>
                    <button> 点击查看做法 </button>
                </li>
                    <li>
                    <img src="images/y6.jpg" alt="y6" width="120">
<h4> 色得味俱全 - 鱼香肉丝 </h4>
<div>【材料准备】<br>
                    料酒：1 勺；生抽：1 勺；蚝油：1 勺；醋：1 勺；豆瓣酱：1 勺；
```

糖：1小勺；蒜：2瓣；淀粉：1勺；里脊肉：1块；胡萝卜：1根；木耳：1把；青辣椒：1个；</div>

<button>点击查看做法</button>

</li>

</ul>

</body>

</html>

8-5-3 "校园文化月活动"网页

【实例】 制作"校园文化月活动"网页，效果如图8-7所示。

图8-7 "校园文化月活动"网页部分内容效果

（1）新建"index.html"，首页的HTML标签如下。

```
<!doctype html>
<html>
<head>
<meta charset="utf-8">
<title>校园文化月活动</title>
<style>
body {
    font-family: "Microsoft YaHei UI";
    font-size: 14px;
}
html {
    -webkit-box-sizing: border-box;
    -moz-box-sizing: border-box;
    box-sizing: border-box;
}
* {
```

```css
    padding: 0;
    margin: 0;
    -webkit-box-sizing: inherit;
    -moz-box-sizing: inherit;
    box-sizing: inherit;
}
.newbox {
    width: 1200px;
    margin:0px auto;
    overflow-x: hidden;
}
h2{
    text-align: center;
    padding: 5px;
    text-shadow: 1px 1px 3px #333;
}
.imglist {
    width: 100%;
    border: 1px solid #ccc;
    overflow: hidden;
    list-style-type: none;
}
.imglist li {
    float: left;
    width: 60%;
    position: relative;
    margin-bottom: 5px;
}
.imglist li img {
    width: 185px;
    height: auto;
    float: left;
    margin-right: 10px;
}
.imglist li h3 {
    font-size: 16px;
    float: left;
    width: 60%;
    text-align: left;
```

```css
        }
        .imglist li p {
            color: #999;
            float: left;
            text-indent: 2em;
            width: 68%;
            text-align: left;
        }
        .imglist li a {
            width: 100px;
            background:#eee;
            text-align: center;
            border: 1px solid #999999;
            text-decoration: none;
            color: #000000;
            line-height: 25px;
            display: inline-block;
            position: absolute;
            bottom: 10px;
            right: 10px;
        }
        .newsbox .imglist li:first-child {
            width: 39%;
            margin-right: 1%;
        }
        .newsbox .imglist li:first-child img {
            width: 100%;
        }
        .newsbox .imglist li:first-child h3 {
            text-align: center;
            margin:5px auto;
        }
        .newsbox .imglist li:first-child p {
            width: 100%;
        }
        .newsbox .imglist li:first-child a {
            bottom: -26px;
        }
    </style>
```

```html
</head>

<body class="newsbox">
    <div>
        <h2>校园文化月活动</h2>
    </div>
    <ul class="imglist">
        <li>
            <img src="img/s12.jpg" alt="1">
            <h3>春游外出活动</h3>
            <p>春天来了,我们班集体共同举办了一场春游活动,在班主任老师和班干的带领下,我们来到了南亚所参观学习,同学们好开心。</p>
            <a href="#">MORE</a>
        </li>
        <li>
            <img src="img/s8.jpg" alt="2"/>
            <h3>体操比赛喜得冠</h3>
            <p>学校发布消息,下周三要进行早操比赛了,我班为了准备,天天加紧训练。我们每天6点30,就开始早上的日常操练了。在大家的共同努力下,我们得到了全校体操比赛的一等奖。</p>
            <a href="#">MORE</a>
        </li>
        <li>
            <img src="img/s10.jpg" width="1440" height="960" alt="3"/>
            <h3>准备五四青年节演出活动</h3>
            <p>为了参演五四青年节的相关活动,老师带领我们课堂课后准备相关节目,不仅提高了我们的专业能力,还添加了演出机会,为我们以后工作积累经验教训。</p>
            <a href="#">MORE</a>
        </li>
        <li>
            <img src="img/s7.jpg" width="1440" height="960" alt="4"/>
            <h3>比赛获奖 其乐融融</h3>
            <p>在舞蹈老师的精心策划和指导下,我们的舞蹈作品"我家菠萝的海"获得了一等奖,个个都非常惊喜和开心。感谢老师的辛勤付出和劳动,感谢大伙的共同努力。</p>
            <a href="#">MORE</a>
```

```
            </li>
        </ul>
</body>
</html>
```

8-6 课后练习

一、单选题

1. 定位布局主要由（　　）属性决定。
   A．margin   B．position
   C．padding   D．display
2. 相对定位的 position 属性取值为（　　）。
   A．relative   B．static
   C．absolute   D．fixed
3. 绝对定位的 position 属性取值为（　　）。
   A．relative   B．static
   C．absolute   D．fixed

二、多选题

1. 下列（　　）元素属于块元素。
   A．div   B．p
   C．h1   D．span
2. 下列（　　）元素属于内联元素。
   A．span   B．a
   C．img   D．input

三、判断题

1. 固定布局设置了固定宽度的容器，里面的各个模块也是固定宽度或百分比。（　　）
2. 流体布局的主体部分用百分比设置宽度，可自适应用户的分辨率。（　　）
3. 浮动布局通常用关键字 float 将块状元素进行浮动布局，用 clear 来配合清除浮动。
   （　　）
4. 定位布局先将父元素设为相对定位，且不设置坐标，子元素的绝对定位以父元素的基准点为参照基准点。（　　）
5. 多列布局 column-count 设置元素应该被分隔的列数。（　　）

四、请灵活使用网页布局方法，制作完成如图 8-8 所示的页面效果。

图 8-8 布局效果图

项目 9 响应式网页

9-1 项目概述

不同的用户可能选用不同的屏幕终端，如手机、iPad、电脑来浏览网页，请结合本项目所学习的 @media 媒体类型、添加断点、移动端优先和屏幕方向设置等相关知识点，制作"招生就业"网页，在手机端显示效果如图 9-1 所示，显示为上、中、下结构；iPad 端显示效果如图 9-2 所示，显示为左、右结构；电脑端显示效果如图 9-3 所示，显示为左、中、右结构。响应式网页可以适应不同的终端，在布局设计时需要在各个浏览器中认真仔细调试、预览、修改，凝神聚力、精益求精、追求极致网页效果，遇到困难不轻易放弃，积极沟通，寻求解决方案，培养严谨细致的工匠精神，收获学习的成就感，助力个人成长。

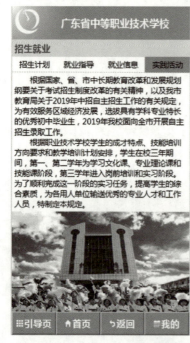

图 9-1 "招生就业"网页手机端效果

图 9-2 "招生就业"网页 iPad 端效果

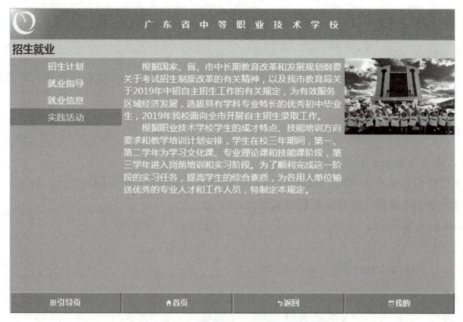

图 9-3 "招生就业"网页电脑端效果

9-2 学习目标

本项目学习目标如表 9-1 所示。

表 9-1 学习目标

知识目标	技能目标
·掌握 @media 查询标签 ·理解设置断点、优先移动端显示、屏幕方向设置	灵活使用掌握 @media 标签,以适应不同终端屏幕

9-3 核心知识

9-3-1 媒体 @media 规则

使用 @media 规则,可以为不同媒体设置不同的样式,表示指定文件将在哪种媒体上呈现。常见的媒体类型有 screen 显示器屏幕、print 打印机印刷媒体、aural 语音和音频合成器和 braille 盲人用点字法触觉回馈设备等。通过设备不同的样式,可将文件以不同的方式显示在屏幕上、纸张上,或者听觉浏览器上。

```
@media screen
{
    p {font-size:16px; }
}
@media print
{
```

```
    p {font-size:12px; }
}
```

标签解释说明：

如果在浏览器屏幕上显示，那么页面段落文字为 16 像素；如果在打印机中打印页面，那么打印显示为 12 像素的段落文字。

9-3-2 添加断点

1. 最大屏幕和最小屏幕设置

通过使用 @media，让浏览器在不同宽度查看同一网页时显示不同的变化。例如，若文档宽度小于 768 像素，则背景颜色变成红色：

```
@media screen and （max-width: 768px) {
  body {
      background-color:red;
  }
}
```

针对不同的媒体类型设置不同的样式，中间添加断点，不同的屏幕尺寸设置不同的样式（col- 和 col-m-），显示不同的效果，以适应不同的设备。添加断点代码如下：

```
@media only screen and （max-width: 768px) {
    [class*="col-"] { width: 100%; }
}// 设置最大屏幕
@media only screen and （min-width: 768px) {
    [class*="col-"] { width: 100%; }
}// 设置最小屏幕
@media screen and （min-width:768px) and （max-width:1023px) {
    [class*="col-"] { width: 100%; }
}// 设置屏幕区间
```

2. 移动端优先设置

在设置断点过程中，可设置移动端优先，表示设计在手机端、桌面和其他设备预览网页效果时，优先考虑移动端手机的设计，即默认情况下，显示手机移动端的效果。在编辑标签过程中，首先编写针对移动端的标签，按照浏览器解析网页的顺序，将先解释执行移动端的效果。

```
<style>
.row:after {
        content: "";
        clear: both;
        display: block;
}
/* 移动端优先，中间三部分都整行显示 */
[class*="col-"] {
      float: left;
```

```
            width: 100%;
        }
        @media only screen and (min-width: 600px) {
            /* pad 中等屏幕，中间前两部分按 3：9 显示，第三部分显示整行 */
            .col-m-1 {width: 8.33%; }
.col-m-2 {width: 16.66%;}
.col-m-3 {width: 25%;}
.col-m-4 {width: 33.33%;}
.col-m-5 {width: 41.66%;}
.col-m-6 {width: 50%;}
.col-m-7 {width: 58.33%;}
.col-m-8 {width: 66.66%;}
.col-m-9 {width: 75%;}
.col-m-10 {width: 83.33%;}
.col-m-11 {width: 91.66%;}
            .col-m-12 {width: 100%; }
        }
        @media only screen and (min-width: 768px) {
            /* 电脑桌面显示，中间三部分按 3：6：3 显示三列 */
.col-3 {width: 25%;}
.col-6 {width: 50%;}
        }
</style>
</head>
<body>
<header>
<div> 顶部 </div>
</header>
<div class="row">
<div class="col-3 col-m-3 sidebar">
<div> 中间 -1</div>
</div>
<div class="col-6 col-m-9 main">
<div> 中间 -2</div>
</div>
<div class="col-3 col-m-12 aside">
<div> 中间 -3</div>
</div>
</div>
<footer>
```

```
<div> 底部 </div>
</footer>
</body>
```

9-3-3 横屏和竖屏方向

考虑到移动终端设备在使用时有横屏和竖屏两种状态,为适应设备不同方向的特点,可用属性 orientation:landscape| portrait 分别设置设备显示时为横屏 landscape 或竖屏 portrait,默认状态为竖屏。

当屏幕为横屏时,网页背景颜色是淡绿色,字体为 40 号,对应的 CSS 标签如下:

```
body { background-color: yellow; }
@media only screen and (orientation: landscape) {
  body { background-color: lightblue; }
}
```

9-3-4 初识 JavaScript

JavaScript 是一种直译式脚本语言,也是一种动态类型、弱类型、基于原型的语言,内置支持类型。它的解释器被称为 JavaScript 引擎,为浏览器的一部分,广泛用于客户端的脚本语言。JavaScript 包括 ECMAScript、DOM 文档对象模型和 BOM 浏览器对象模型 3 个部分,其中,ECMAScript 主要描述了该语言的语法和基本对象,DOM 描述处理网页内容的方法和接口,而 BOM 主要描述与浏览器进行交互的方法和接口。JavaScript 是一种轻量级的网络脚本语言,已经被广泛用于 Web 应用开发,常用来为网页添加各式各样的动态功能,为用户提供更流畅美观的浏览效果。

jQuery 是一个 JavaScript 函数库,一个轻量级的"写得少,做得多"的 JavaScript 库。它封装 JavaScript 常用的功能代码,提供一种简便的 JavaScript 设计模式,优化 HTML 文档操作、事件处理、动画设计和 Ajax 交互。

9-3-5 Bootstrap 介绍

Bootstrap 是基于 HTML、CSS、JavaScript 的受欢迎的前端框架,它简洁灵活,使得 Web 开发更加快捷。Bootstrap 框架包括 Bootstrap 基本结构、Bootstrap CSS、Bootstrap 布局组件和 Bootstrap 插件几个部分。通常会先在网页头部引入 Bootstrap 文件,再在后面使用 bootstrap 框架,具体包括在线直接引入和下载插件后直接在头部引入两种方式。

(1)国内推荐使用 Staticfile CDN 上的库,分别包括:

新 Bootstrap 核心 CSS 文件 <link href="https://cdn.staticfile.org/twitter-bootstrap/3.3.7/css/bootstrap.min.css" rel="stylesheet">。

jQuery 文件。 务必在 bootstrap.min.js 之前引入 <script src="https://cdn.staticfile.org/jquery/2.1.1/jquery.min.js"></script>。

最新的 Bootstrap 核心 JavaScript 文件 <script src="https://cdn.staticfile.org/twitter-bootstrap/3.3.7/js/bootstrap.min.js"></script>。

(2)在线下载 bootstrap 插件,直接在网页中引入相关文件:

```
<link rel="stylesheet" href="css/bootstrap.min.css">
```

```
<script src="js/jquery.min.js"></script>
<script src="js/bootstrap.min.js"></script>
```
字体图标（Glyphicons）是指 Web 项目中使用的一些图标字体。由于 Bootstrap 中捆绑了 200 多种字体格式的字形，因此可以基于 Bootstrap 来免费使用这些图标。

9-4 项目实施

9-4-1 图片响应式布局

新建网页 msgj.html，编辑如下标签：

```
<!doctype html>
<html>
<head>
<meta charset="utf-8"><meta name="viewport" content="width=device-width, initial-scale=1.0">
<title>图片</title>
<style>
* {
   margin: 0;
   padding: 0;
   box-sizing: border-box;
   -webkit-box-sizing: border-box;
   -moz-box-sizing: border-box;
}
section{
        margin:20px;
   }
[class*="col-"] { /* 手机显示 2 列 */
   float: left;
   width: 50%;
   }
@media screen and (min-width:760px){/* IPAD 显示 3 列 */
   .col-m-4 {width: 33.33%;}
}
@media screen and (min-width:1000px){/* 电脑显示 6 列 */
   .col-2 {width: 16.66%;}
}
figure{
   margin-bottom:5px;
}
img{
```

```
            width: 98%;
            margin: 0 auto;
            display: block;
        }
        h2,figcaption{
            text-align: center;
        }
        </style>
    </head>

    <body>
    <section>
        <h2>名胜古迹</h2>
        <figure class="col-2 col-m-4">
        <img src="images/g1.png" alt="1"/>
        <figcaption>万里长城</figcaption>
        </figure>
        <figure class="col-2 col-m-4">
        <img src="images/g2.png" alt="2"/>
        <figcaption>桂林山水</figcaption>
        </figure>
        <figure class="col-2 col-m-4">
        <img src="images/g3.png" alt="3"/>
        <figcaption>北京故宫</figcaption>
        </figure>
        <figure class="col-2 col-m-4">
        <img src="images/g4.png" alt="4"/>
        <figcaption>杭州西湖</figcaption>
        </figure>
        <figure class="col-2 col-m-4">
        <img src="images/g5.png" alt="5"/>
        <figcaption>苏州园林</figcaption>
        </figure>
        <figure class="col-2 col-m-4">
        <img src="images/g6.png" alt="6"/>
        <figcaption>安徽黄山</figcaption>
        </figure>
    </section>
    </body>
</html>
```

保存预览网页,效果如图 9-4、9-5 和 9-6 所示。

图 9-4　手机显示两列效果

图 9-5　PAD 显示三列效果

名胜古迹

万里长城　　桂林山水　　北京故宫　　杭州西湖　　苏州园林　　安徽黄山

图 9-6　电脑端显示六列效果

9-4-2　设计 HTML 微网页

新建一个空白的 HTML5 文档"zhaoShengJiuYe.html"，编辑如下标签：

```
<!doctype html>
<html>
<head>
<meta charset="utf-8">
<title>招生就业</title>
<meta name="viewport" content="width=device-width, initial-scale=1.0">
<link href="css/basic.css" rel="stylesheet">
<link href="css/zhaoShengJiuYe.css" rel="stylesheet">
<script>
window.onload=function () {
    var tabs=document.getElementsByTagName("ul")[0].getElementsByTagName("li");
    var tabCounters=document.getElementsByClassName("tabCounter");
    function show(a){
        for(i=0; i<tabs.length; i++){
            tabs[i].className='';
            tabs[a].className='cur';
            tabCounters[i].style.display="none";
            tabCounters[a].style.display="block";
        }
    }
    //给每个tab绑定鼠标单击切换
    for(var i=0; i<tabs.length; i++){
        tabs[i].index=i;
        tabs[i].onclick=function () {
            show(this.index);
        }
```

```
                }
            }
        </script>
    </head>

    <body>
        <div style="height:10%; ">
            <header>
                <img src="images/logo.png" alt="logo">
                <h2>广东省中等职业技术学校 </h2>
            </header>
        </div>
        <section id="zhaoSheng">
            <h3>招生就业 </h3>
            <div class="row">
                <div class="col-3 col-m-3 menu">
                    <ul class="tab">
                        <li class="cur">招生计划 </li>
                        <li> 就业指导 </li>
                        <li> 就业信息 </li>
                        <li> 实践活动 </li>
                    </ul>
                </div>
                <div class="col-6 col-m-9 on tabCounter">
                    <p> 经省教育厅审核批准，2019年我校第二期高职扩招专项计划分为两批： </p>
    <p>1.面向下岗失业人员、农民工、新型职业农民、农业职业经理人、农村致富带头人和制造业产业工人等社会人员实施"高技能人才学历提升计划"，招生计划：880人，招生专业：12个，学制：3年，教学地点：高职学校/中职学校/校外教学点/企业。</p>
    <p>2.面向现代学徒制合作企业在职员工开展"现代学徒制试点"：招生计划：460人，招生专业：15个，学制：3/2年，教学地点：高职学校和企业交替。</p>
                </div>
                <div class="col-6 col-m-9 tabCounter">
                    <p> 学院招生就业处（就业指导中心）工作职责 </p>
                    <p>1.根据国就业方针政策和规定以及学校主管部门的工作意见，制定本学校的工作细则； </p>
                    <p>2.负责本校毕业生的资格审查工作，及时向主管部门和地方调配部门报送毕业生资源情况； </p>
```

```
                    <p>3．收集需求信息，开展毕业生就业供需见面和双向选
择活动，负责毕业生的推荐工作；</p>
                    <p>4．按照主管部门的要求提出毕业生就业建议计划；
</p>
                    <p>5．开展毕业教育和就业指导工作；</p>
                    <p>6．负责办理毕业生的离校手续；</p>
                    <p>7．开展与毕业生就业有关的调查研究工作；</p>
                    <p>8．完成主管部门交办的其他工作。</p>
                </div>
                <div class="col-6 col-m-9 tabCounter">
                    <p>根据《广州市劳动合同管理规定》第七条规定："用
人单位招（聘）用劳动者，应当依法订立劳动合同；未订立劳动合同的，不得使用。"</p>
                    <p>《广州市劳动合同管理规定实施意见》签订合同的时间更加明确规定："劳动
者经用人单位考核符合招用条件并被招（聘）用的，在使用前，用人单位应依法与劳动者
本人订立劳动合同。明确劳动合同的生效、终止时间（条件），并按有关规定办理招（聘）
手续。确因客观原因未能及时办理上述有关手续的。须自实际使用之日起 30 内补办各项手
续。"这些规定十分明确，用人单位招（聘）劳动者在使用前就要签订劳动合同，如果有
客观原因的，也不能超过 30 天．</p>
                </div>
                <div class="col-6 col-m-9 tabCounter">
                    <p>根据国家、省、市中长期教育改革和发展规划纲要关
于考试招生制度改革的有关精神，以及我市教育局关于 2019 年中招自主招生工作的有关
规定，为有效服务区域经济发展，选拔具有学科专业特长的优秀初中毕业生，2019 年我校
面向全市开展自主招生录取工作。</p>
                    <p>根据职业技术学校学生的成才特点、技能培训方向要
求和教学培训计划安排，学生在校三年期间，第一、第二学年为学习文化课、专业理论课和
技能课阶段，第三学年进入岗前培训和实习阶段。为了顺利完成这一阶段的实习任务，提高
学生的综合素质，为各用人单位输送优秀的专业人才和工作人员，特制定本规定。</p>
                </div>
                <div class="col-3 col-m-12"><img src="images/
gk.gif" alt="tu1" width="100%"></div>
            </div>
        </section>
        <div style="height:7%; ">
            <footer>
                <button><img src="images/f1.png" alt="f1">引导页
</button>
                <button><img src="images/f2.png" alt="f2">首页</
button>
```

```html
                <button><img src="images/f3.png" alt="f3">返回</button>
                <button><img src="images/f4.png" alt="f4">我的</button>
            </footer>
        </div>
    </body>
</html>
```
对应的 CSS 文件 "basic.css" 内容如下:
```css
@charset "utf-8";
/* CSS Document */
*{
    margin:0;
    padding:0;
    box-sizing: border-box;
}
html, body{
    width:100%;
    height:100%;
    }
header{
    position:fixed;
    top:0;
    z-index:99;
    width:100%;
    height:10%;
    background-color:#3CF;
    color:white;
    background-image: radial-gradient(circle 120px at left top, rgba(255, 255, 255, 1), rgba(255, 255, 255, 0));
}
header img{
    float:left;
    height:90%;
    padding:3px 0 3px 5px;
    }
header h2{
    text-align:center;
    position:relative;
```

```css
            top:50%;
            transform:translateY(-50%);
            font-size:1.3rem;
        }
        footer{
            position:fixed;
            bottom:0;
            z-index:99;
            width:100%;
            height:7%;
        }
        footer button{
            width:25%;
            height:100%;
            background:#3CF;
            color:white;
            font-weight:bold;
            float:left;
            font-size:1.2rem;
        }
        footer button img{
            margin-right:2px;
        }
        section{
            width:100%;
            height:83%;
            overflow: auto;
        }
        #ind div, #ind nav{
            width:100%;
            height:50%;
        }
        #ind img{
            width:100%;
            height:100%;
        }
        #ind nav button{
            width:33.3%;
            height:50%;
```

```css
        float:left;
        font-size:1.3rem;
        color:#3CF;
        border-radius:50%;
        outline:none;
        background-image:radial-gradient（rgba（255，255，255，1），rgba（255，255，255，0.5））;
        }
    #ind nav button img{
        display:block;
        width:80px;
        height:80px;
        margin:0 auto;
        }
    @media screen and （min-width: 1024px） {
            body{ font-size:22px; }
            header h2{letter-spacing:1.5rem; }
        }
    @media screen and （min-width:768px） and （max-width:1023px） {
            body{ font-size:20px; }
            header h2{letter-spacing:1rem; }
            }
    @media screen and （min-width:361px） and （max-width:767px） {
            body{ font-size:16px; }
      }
    @media screen and （max-width: 360px） {
            body{ font-size:14px; }
        }
```

对应的CSS文件"zhaoShengJiuYe.css"内容如下：

```css
@charset "utf-8";
/* CSS Document */
#zhaoSheng{
    background-color: white;
    padding:5px;
    }
#zhaoSheng h3{
    background-color:#FF6;
    padding:5px;
```

```css
        color:grey;
        }
#zhaoSheng ul{
    list-style-type:none;
}
#zhaoSheng li{
    padding:5px;
    border-bottom:1px dashed #ccc;
    }
#zhaoSheng li:hover{
    background-color:#0CF;
}
@media only screen and (orientation: landscape) {
    #zhaoSheng { background-color: lightblue; color:white; }
}
#zhaoSheng .tab .cur{
    background: lightgreen;
    }
#zhaoSheng .tabCounter{
    display:none;
}
#zhaoSheng .on{
    display: block;
    }
p{
    text-indent:2em;
    }
.menu ul {
    list-style-type: none;
    margin: 0;
    padding: 0; }
.menu ul li{
    padding:5px;
    float:left;
    width:25%;
    text-align:center;
}
.menu ul li:hover{
    background-color:#0FF;
```

```
    }
    [class*="col-"] {
        width: 100%;
        float: left;
        }
    @media only screen and (min-width: 600px) and (max-width: 768px) {
        .col-m-1 {width: 8.33%; }
        .col-m-2 {width: 16.66%; }
        .col-m-3 {width: 25%; }
        .col-m-4 {width: 33.33%; }
        .col-m-5 {width: 41.66%; }
        .col-m-6 {width: 50%; }
        .col-m-7 {width: 58.33%; }
        .col-m-8 {width: 66.66%; }
        .col-m-9 {width: 75%; }
        .col-m-10 {width: 83.33%; }
        .col-m-11 {width: 91.66%; }
        .col-m-12 {width: 100%; }
        .menu ul li{ float:none; width:100%; }
    }
    @media only screen and (min-width: 769px) {
        .col-1 {width: 8.33%; }
        .col-2 {width: 16.66%; }
        .col-3 {width: 25%; }
        .col-4 {width: 33.33%; }
        .col-5 {width: 41.66%; }
        .col-6 {width: 50%; }
        .col-7 {width: 58.33%; }
        .col-8 {width: 66.66%; }
        .col-9 {width: 75%; }
        .col-10 {width: 83.33%; }
        .col-11 {width: 91.66%; }
        .col-12 {width: 100%; }
        .menu ul li{ float:none; width:100%; }
    }
```

保存网页，分别在浏览器中模拟手机端、iPad 和电脑端预览网页效果。

9-5 进阶提高

9-5-1 响应式表格

【实例】新建"9-1.html"网页,编辑对应的 HTML 标签代码如下:

```
<!DOCTYPE html>
<html>
<head>
<meta charset="utf-8">
<meta name="viewport" content="width=device-width, initial-scale=1.0">
<title>自适应表格</title>
<style type="text/css">
h2{
    text-align: center;
    }
table {
    width: 100%;
    margin:0;
    padding:0;
    border-collapse: collapse;
    border-spacing: 0;
    margin: 0 auto;
    }
table tr {
    border: 1px solid #000;
    text-align:center;
    }
@media screen and (max-width: 600px) {
table {
    border: 0;
    }
table thead {
    display: none;
    }
table tr {
    margin-bottom: 10px;
    display: block;
    border-bottom: 1px solid #000;
```

```
            }
            table td {
                display: block;
                border-bottom: 1px dotted #ccc;
            }
            table td:last-child {
                border-bottom:0;
            }
            table td:before {
                content: attr(data-label);
                float: left;
                font-weight: bold;
            }
        }
    </style>
</head>
<body>

<h2>SUV 车型对比 </h2>
<table>
    <thead>
        <tr>
            <th> 车型 </th>
            <th> 厂商 </th>
            <th> 级别 </th>
            <th> 上市时间 </th>
                <th> 价格 </th>
            <th> 长 * 宽 * 高 </th>
        </tr>
    </thead>
    <tbody>
        <tr>
            <td data-label=" 车型 ">RAV4 荣放 2019 款 </td>
            <td data-label=" 厂商 "> 一汽丰田 </td>
            <td data-label=" 级别 "> 紧凑型 SUV</td>
            <td data-label=" 上市时间 ">2018.09</td>
            <td data-label=" 价格 ">16.08 万起 </td>
            <td data-label=" 长 * 宽 * 高 ">4600*1845*1690</td>
        </tr>
        <tr>
```

```
                <td data-label="车型">本田CR-V2019款</td>
                <td data-label="厂商">东风本田</td>
                <td data-label="级别">紧凑型SUV</td>
                <td data-label="上市时间">2018.09</td>
                <td data-label="价格">17.08万起</td>
                <td data-label="长*宽*高">4585*1856*1679</td>
            </tr>
        </tbody>
    </table>
    </body>
    </html>
```

标签解释说明：

table td:last-child { border-bottom:0; } 表示最后一个单元格不显示下边框。

table td:before {content: attr（data-label）; float: left; font-weight: bold; } 表示第一个单元格中显示的内容为data-label的值，并且向左浮动，加粗显示。

保存预览网页，在手机上显示表格效果如图9-7所示，在iPad上显示表格效果如图9-8所示。

SUV车型对比

车型	RAV4荣放2019款
厂商	一汽丰田
级别	紧凑型SUV
上市时间	2018.09
价格	16.08万起
长*宽*高	4600*1845*1690

车型	本田CR-V2019款
厂商	东风本田
级别	紧凑型SUV
上市时间	2018.09
价格	17.08万起
长*宽*高	4585*1856*1679

图9-7　手机预览网页效果

SUV车型对比

车型	厂商	级别	上市时间	价格	长*宽*高
RAV4荣放2019款	一汽丰田	紧凑型SUV	2018.09	16.08万起	4600*1845*1690
本田CR-V2019款	东风本田	紧凑型SUV	2018.09	17.08万起	4585*1856*1679

图9-8　iPad预览网页效果

9-5-2 "仿凤凰网"

【实例】利用 bootstrap 前端框架,通过 http://www.runoob.com/ 在线查看相关 API 文档,可模仿制作凤凰网首页。

```html
<!DOCTYPE html>
<html lang="en">
<head>
<meta charset="UTF-8">
<title>凤凰网</title>
<meta name="viewport" content="width=device-width, user-scalable=no, initial-scale=1.0, maximum-scale=1.0, minimum-scale=1.0">
<link rel="stylesheet" href="css/bootstrap.min.css">
<style>
        .logo{
            width: 100%;
            height: 50px;
            background-color: #f54343;
            overflow: hidden;
        }
        .logo img{
            height: 40px;
            width: auto;
            margin: 7px 3% 3px;
        }
        .carousel-inner img{
            width: 100%;
            height: auto;
        }
        .ifgBox h3{
            font-weight:800;
            font-size: 16px;
            padding-bottom: 5px;
            border-bottom: 2px solid #3c3c3c;
            color: #2c80c80;
        }
        .ifgBox li{
            line-height: 43px !important;
            height: 43px;
            border-bottom: 1px solid #dfdfdf;
```

```css
        }
        .ifgBox li a{
            color: #000000;
            text-decoration: none;
        }
        .footer{
            background-color: #f54343;
            padding: 6px;
            color: #FFFFFF;
            text-align: center;
        }
        .footer li a{
            color: #FFFFFF;
            font-weight:bold;
        }
        .carousel-caption {
            position: absolute;
            right: 5%;
            bottom: 20px;
            left: 5%;
            z-index: 10;
            padding-top: 20px;
            padding-bottom: 20px;
            color: #fff;
            text-align: center;
            /*text-shadow: 0 1px 2px rgba(0, 0, 0, .6)*/
        }
    </style>
</head>
<body>
<!--logo 开始-->
<div class="logo">
<div class="container">
    <img src="images/i-logo.png" alt="凤凰网">
</div>
</div>
<!--logo 结束-->
<!-- 导航开始-->
<div class="container">
    <nav class="nav navbar-default" role="navigation">
```

```html
            <div class="navbar-header">
                <button type="button" class="navbar-toggle" data-toggle="collapse" data-target="#ifeng">
                    <span class="icon-bar"></span>
                    <span class="icon-bar"></span>
                    <span class="icon-bar"></span>
                </button>
                <a class="navbar-brand" href="#">凤凰网 </a>
            </div>
            <div class="collapse navbar-collapse" id="ifeng">
                <ul class="nav navbar-nav">
                    <li><a href="http://inews.ifeng.com/?srctag=xzydh1" class="active">新闻 </a></li>
                    <li><a href="http://ient.ifeng.com/?srctag=xzydh2">娱乐 </a></li>
                    <li><a href="http://isports.ifeng.com/?srctag=xzydh3">体育 </a></li>
                    <li><a href="http://ifinance.ifeng.com/?srctag=xzydh4">财经 </a></li>
                    <li><a href="http://tv.ifeng.com/?srctag=xzydh5">视频 </a></li>
                    <li><a href="http://imil.ifeng.com/?srctag=xzydh6">军事 </a></li>
                    <li><ahref="http://i.ifeng.com/auto/autoi?srctag=xzydh7">汽车 </a></li>
                    <li><a href="http://house.ifeng.com">房产 </a></li>
                    <li><a href="http://ifashion.ifeng.com/?srctag=xzydh9">时尚 </a></li>
                    <li><a href="http://itech.ifeng.com/?srctag=xzydh10">科技 </a></li>
                    <li><a href="http://ibook.ifeng.com/?srctag=xzydh11">读书 </a></li>
   <li><a href="http://ihistory.ifeng.com/?srctag=xzydh12">历史 </a></li>
                    <li><a href="http://g.ifeng.com/?srctag=xzydh13">游戏 </a></li>
                </ul>
            </div>
        </nav>
```

```html
        </div>
        <!-- 导航结束 -->
        <!-- 轮播开始 -->
        <div class="container">
            <div id="mySlide" class="carousel slide">
                <!--ol>li[data-target="#mySlide" data-slide-to=""]*6-->
                <ol class="carousel-indicators">
                    <li data-target="#mySlide" data-slide-to="0" class="active" ></li>
                    <li data-target="#mySlide" data-slide-to="1"></li>
                    <li data-target="#mySlide" data-slide-to="2"></li>
                    <li data-target="#mySlide" data-slide-to="3"></li>
                    <li data-target="#mySlide" data-slide-to="4"></li>
                    <li data-target="#mySlide" data-slide-to="5"></li>
                </ol>
                <!--div>(div.item>img+div.carousel-caption)*6-->
                <div class="carousel-inner">
                    <div class="item active "><img src="images/slide1.jpg" alt=" 网络大过年 云上共团圆 ">
                        <div class="carousel-caption">网络大过年 云上共团圆 </div>
                    </div>
                    <div class="item"><img src="images/slide2.jpg" alt=" 好奇号发现火星曾存在盐水湖 ">
                        <div class="carousel-caption">"好奇"号发现火星曾存在盐水湖 "</div>
                    </div>
                    <div class="item"><img src="images/slide3.jpg" alt=" 女排黑珍珠！中国队唯一五冠王 ">
                        <div class="carousel-caption"> 女排黑珍珠！中国队唯一五冠王 </div>
                    </div>
                    <div class="item"><img src="images/slide4.jpg" alt=" 松花江畔雪盖冰封 一派北国江城景象 ">
                        <div class="carousel-caption"> 松花江畔雪盖冰封 一派北国江城景象 </div>
                    </div>
                    <div class="item"><img src="images/slide5.jpg" alt=" 马可：发出真正中国原创的声音 ">
                        <div class="carousel-caption"> 马可：发出真正中
```

国原创的声音 </div>
                    </div>
                    <div class="item"><img src="images/slide6.jpg" alt="探秘晋祠：中国最早的"皇家园林"">
                        <div class="carousel-caption">探秘晋祠：中国最早的"皇家园林"</div>
                    </div>
                </div>
                <!--轮播导航开始-->
                <a href="#mySlide" data-slide="prev" class="left carousel-control">
                    <span class="glyphicon glyphicon-chevron-left"></span>
                </a>
                <a href="#mySlide" data-slide="next" class="right carousel-control">
                    <span class="glyphicon glyphicon-chevron-right"></span>
                </a>
                <!--轮播导航结束-->
            </div>
        </div>
    <!--轮播结束-->
    <!--头条开始-->
    <div class="container">
        <div class="row ifgBox">
            <div class="col-lg-4">
                <h3>头条</h3>
                <img src="images/dah.jpg" alt="" class="img-responsive">
                <ul class="list-unstyled">
                    <li>
                        <a href="https://i.ifeng.com/c/83a43vWkK8j"><strong>北京冬奥倒计时一周年 图说15项冰雪运动 </strong></a>
                    </li>
                    <li>
                        <a href="https://i.ifeng.com/c/83Yw3MU0RIZ">工信部：不得误导、强迫用户办理或升级5G套餐 </a>
                    </li>
                    <li>

```html
                <a href="https://house.ifeng.com/pic/2021_02_05-38912029_0.shtml#p=1">翻天覆地！干沙滩变金沙滩</a>
            </li>
            <li>
                <a href="https://i.ifeng.com/c/83bQO2nlc2l">蔚来汽车：将斥资55亿元收购蔚来中国3.305%的股权</a>
            </li>
            <li>
                <a href="https://i.ifeng.com/c/83b2u99kyl1">新华社：终结人人影视的，是盗版不是盗火</a>
            </li>
            <li>
                <a href="https://news.ifeng.com/c/7qeVGbMWqC8">没有任何力量能够阻挡中华民族的前进步伐</a>
            </li>
        </ul>
    </div>
    <div class="col-lg-4">
        <h3>新闻</h3>
        <img src="images/jznqd.jpg" alt="" class="img-responsive">
        <ul class="list-unstyled">
            <li>
                <a href="https://tech.ifeng.com/c/7qbtCfOo4yO">
                    <strong class="text">上海梦醒互联网 | 图</strong>
                </a>
            </li>
            <li>
                <a href="https://news.ifeng.com/c/7qeVEtaOZFo">
                    为互利合作注入新动力  为互联互通开辟新空间
                </a>
            </li>
            <li>
                <a href="https://i.ifeng.com/c/83arUX58S8o">
                    美团优选发布服务规范强化安全保供
                </a>
            </li>
            <li>
                <a href="https://i.ifeng.com/c/special/7uLj4F83Cqm">
                    实时更新：新冠肺炎全球疫情地图
                </a>
```

```html
                </li>
                <li>
                    <a href="https://i.ifeng.com/c/83aUT5JMsHx"> 外卖从天而降？美团公开 "无人机配货" 相关专利 </a>
                </li>
                <li>
                    <a href="https://i.ifeng.com/c/83ad1o9Vxr6">
                        虾米关闭倒计时，音乐热爱永不止息
                    </a>
                </li>
            </ul>
        </div>
        <div class="col-lg-4">
            <h3> 科技 </h3>
            <img src="images/gnc.jpg" alt="" class="img-responsive">
            <ul class="list-unstyled">
                <li><a href="https://tech.ifeng.com/c/7qdanUBpVLI"><strong>最高龄诺贝尔奖得主诞生 97 岁 "锂电池之父" 传奇人生 </strong></a></li>
                <li><a href="https://tech.ifeng.com/c/7qb5pZKHAlq"> 特斯拉 AI 芯片的真正实力 </a></li>
                <li><a href="https://tech.ifeng.com/c/7qeXWzS30Ma">11 家企业成为第六届世界互联网大会合作伙伴 </a></li>
                <li><a href="https://tech.ifeng.com/c/83aijNVVdMP"> 华为转向新使命！为什么选择了余承东 </a></li>
                <li><a href="https://i.ifeng.com/c/83aVjWQtcwD"> 抖音起诉腾讯垄断，让我们想起了当年的 3Q 大战 </a></li>
                <li><a href="https://i.ifeng.com/c/83aTpxqhAZv"> 蔚来宣布与合肥共建电动汽车产业园区 </a></li>
            </ul>
        </div>
    </div>
</div>
<!-- 头条结束 -->
<!-- 版权区开始 -->
<div class="footer">
    <div class="container">
        <ul class="list-unstyled list-inline">
            <li><a href="http://i.ifeng.com/icommon/nav.shtml"> 导航 </a></li>
```

```
            <li><a href="http://help.ifeng.com">反馈</a></li>
            <li><a href="http://i.ifeng.com/bookmark">存书签</a></li>
            <li id="ifgShare"><a href="javascript:void(0);">分享</a></li>
          </ul>
          <p>手机凤凰网 i.ifeng.com</p>
      </div>
  </div>
  <!-- 版权区结束 -->
  <script src="js/jquery.min.js"></script>
  <script src="js/bootstrap.min.js"></script>
  <script>
      $('.carousel').carousel({
          interval:2000
      })
  </script>
</body>
</html>
```

保存全部网页,在谷歌浏览器中按"F12"键预览网页,效果如图9-9所示。

图9-9 页面效果

9-6 课后练习

一、单选题

1. 代码 <script src="js/jquery.min.js"></script> 表示引入（　　）文件。
   A．src　　　　B．HTML　　　　C．CSS　　　　D．JAVASCRIPT
2. 添加断点主要是通过设置（　　）实现的。
   A．max-width 和 min-width:768px　　B．screen
   C．width　　　　　　　　　　　　　D．class

二、多选题

1. 常见的媒体类型有（　　）。
   A．screen 显示器　　　　　　B．打印机
   C．aural 语音　　　　　　　　D．盲人用点字法触觉回馈设备
2. 移动终端设备在使用时有（　　）两种状态。
   A．横屏　　　B．竖屏　　　C．随机　　　D．以上都不正确
3. Bootstrap 是基于（　　）的受欢迎的前端框架。
   A．PHP　　　B．HTML　　　C．CSS　　　D．JAVASCRIPT

三、判断题

1. 不同的用户可能选用不同的屏幕终端，如手机、iPad、电脑来浏览网页。（　　）
2. 移动终端设备默认状态是竖屏。（　　）
3. Bootstrap 是基于 HTML、CSS、JAVASCRIPT 的受欢迎的前端框架。（　　）
4. Bootstrap 框架包括 Bootstrap 基本结构、Bootstrap CSS、Bootstrap 布局组件和 Bootstrap 插件几个部分。（　　）
5. 多列布局 column-count 设置元素应该被分隔的列数。（　　）
6. 字体图标（Glyphicons）是指 Web 项目中使用的一些图标字体。（　　）

四、请参照本项目相关知识点，制作完成如图 9-10 所示的页面效果。

图 9-10　今日头条效果图

项目 10 网站管理与维护

10-1 项目概述

一个完整的网站从网站规划开始,经历申请域名、网站备案、租用服务器、制作网站、网站测试、上传发布网站、优化网站和推广网站等过程。本项目主要介绍网站的基本流程,请设计并制作完成"个人博客"网站,并将它上传发布、推广和维护。可以根据网站规模的大小,小组分工合作完成。纵观全球,反思华为等企业被国外制裁历程,科技有没有国界?把握信息革命带来的机遇,争取占据制高点,才能掌握先机、赢得未来。树立远大的理想,敢于担当,实现中华民族的伟大复兴。高质量发展是全国建设社会主义现代化国家的首要任务,必须完整、准确、全面贯彻新发展理念,坚持社会主义市场经济改革方向,坚持高水平对外开放,加快构建以国内大循环为主体、国内国际双循环相互促进的新发展格局。

10-2 学习目标

本项目学习目标如表 10-1 所示。

表 10-1 学习目标

知识目标	技能目标
·理解网站制作的基本流程 ·掌握网站的发布维护	理解网站制作的基本流程,将网站进行发布、推广和维护

10-3 核心知识

10-3-1 网站规划

建设网站之前就应该有一个整体规划和目标,即确定它将提供什么样的服务、网页中应该提供哪些内容等。要确定站点目标,应该从以下 3 个方面考虑。

1. 网站的整体定位

网站可以是大型商用网站、小型电子商务网站、门户网站、个人主页、科研网站、交流平台、公司和企业介绍性网站及服务性网站等。首先应该对网站的整体进行一个客观的评估,同时要以发展的眼光看待问题,否则将带来许多升级和更新方面的不便。

2. 网站的主要内容

如果是综合性网站,就会涉及新闻、邮件、电子商务和论坛等,要求网页结构紧凑、美观大方;对于侧重某一方面的网站,如书籍网站、游戏网站、音乐网站等,往往对网页美工要求较高。如果是个人主页或介绍性的网站,网站的更新速度较慢,浏览率较低,可以添加一些视频、音频和Flash动画等,使网页更具动感和充满活力。

3. 网站针对的浏览者

对于不同的浏览者群,网站的吸引力是截然不同的。例如,针对少年儿童的网站,卡通和科普性的内容更适合他们,也能够达到网站寓教于乐的目的;针对游戏爱好者的网站,往往对网站的动感趣味程度和特效技术要求更高一些;对于商务浏览者,网站的安全性和易用性更为重要。

10-3-2 域名简介

域名(Domain Name)是由一串用点分隔的名称组成的Internet上某一台计算机或计算机组的名称,域名是一个IP地址上的"面具"。域名的目的是便于记忆和沟通的一组服务器的地址。以百度的域名"www.baidu.com"为例,标号"baidu"是这个域名的主体,最后的标号"com"则是该域名的后缀,代表这是一个com国际域名,是顶级域名。而前面的"www."是网络名。

通常可以在中国互联网络信息中心或其他域名注册服务机构在线申请域名。域名的注册遵循先申请先注册的原则,管理认证机构对申请企业提出的域名是否违反了第三方的权利不进行任何实质性审查。在选取域名时,首先要遵循两个基本原则:一是要求域名应该简明易记,便于输入;二是要求域名有一定的内涵和意义,如企业的名称、产品名称、商标名、品牌名等。

二维码(Quick Response Code)又称二维条码,它是用特定的几何图形按一定规律在平面(二维方向)上分布的黑白相间的图形,是所有信息数据的一把钥匙。当申请域名成功后,就可能通过网站域名来生成网站的二维码。

10-3-3 网站备案

ICP备案号相当于一个网站的身份证。网站备案是指网站主管人员需要到国家信息产业部提交网站的相关信息。个人网站备案需要提供网站管理员的身份证信息、核验点拍照和填写核验单,扫描相关证件后提交等待审核。网站备案过程包括在网上提交资料、提交相关证件、等待初审,如果通过审核,备案通过,最后可将ICP备案号复制到网站中。

10-3-4 网站空间

网站空间有虚拟主机、VPS、服务器托管和"云主机"。选择服务器供应商时主要考虑其资质、安全可靠性、性能保障、价格等因素。

(1)虚拟主机。将网站放在ISP的Web服务器上,几十个甚至上百个用户合用一个服务器。对于一般中小型企业来说这将是一个经济的方案,适合那些信息量和数据量不大的网站。

(2)VPS主机。中等访问量,一台服务器模拟成多个服务,几个用户一起使用。VPS主机安全性较差,同一台物理服务器上其他VPS上安装的程序缺陷、ARP欺骗、病毒、资源挤占等都会严重影响到自身。

（3）主机托管。将已经制作好的服务器主机放在 ISP 网络中心的机房中，借用 ISP 的网络通信系统接入 Internet。如果企业的 Web 服务器有较大的信息和数据量，需要很大空间时，可以采用这种方案。

（4）云主机。云主机安全性能很好，能抵挡大规模的 DDOS 防攻击，分享品牌企业级服务器和硬件虚拟化的性能和可靠性，内置 HA，提供备机、快照、数据备份等快速恢复措施。

虚拟主机成本最低，安全及可靠性较 VPS、独立主机差；VPS 主机低配置的 VPS 租用价格最低，但低安全可靠性和无保障的性能导致服务质量无保障，运营成本难以控制且偏高；云主机综合成本最低，按需使用按需付费、基本零维护，还可分享规模化、绿色节能、最佳 IT 实践带来的成本优势；主机托管按季付或年付，相对成本高，不仅需要为服务商转嫁 CapEx 支出以支付押金，还需要自己维护租用的服务器导致 Opex 较高。

10-3-5　网站测试

网站测试是发布网站前对网站进行测试和检查，本节任务是完成在 Dreamweaver 中进行网站链接测试。网站测试是发布前的准备工作，通过测试可以了解网站的所有组成部分是否能够正常工作。网页测试就是在不同的浏览器、不同的设备中预览网页，观察在不同屏幕分辨率下网页内容是否显示正常。例如，在不同浏览器中对网页测试，切换使用 Internet Explorer、Safari、Chrome、Firefox 等浏览器分别测试。同时在不同设备、不同的分辨率下测试，更换手机、iPad 等终端设备，调整不同分辨率对网页进行测试。链接测试是指在发布网站之前，测试网站中的所有超级链接是否正常，判断是否有无效的超链接、空链接等，避免出现网页已经从网站中删除了的现象。

在 Dreamweaver 中的"链接检查器"可以用来测试网站中的超级链接。选择"窗口"|"结果"|"链接检查器"命令，在下面的"链接检查器"面板中可以显示链接测试的基本情况。能够检查当前文档中的链接、检查整个当前本地站点的链接和检查站点中所选文件的链接，可以显示断的链接、孤立的文件和外部链接，如图 10-1 所示。

图 10-1　链接检查器

10-3-6 发布站点

网站的发布就是将本地测试成功的最终网站上传到远端服务器，使访问者可通过在地址栏中输入域名来访问浏览网站。将网站设计完成并测试成功后就可以考虑将其进行发布了，发布前需要确认租用服务器信息。

对于站点空间不是很大的网站，可以在 Dreamweaver 中设置并发布站点。如果站点根目录空间比较大，可以考虑用 FTP 工具上传。将在本地制作好的网站上传到租用的虚拟主机的 wwwroot 目录下。首先需要下载 flashFTP 客户端，输入 FTP 账号、密码、商品号信息建立快速连接，在左侧选择本地站点根目录的路径，直接选择需要上传的内容，拖动到右侧的远程服务器完成上传。

10-3-7 网站优化

网站优化也称 SEO（Search Engine Optimization），利用长期总结出的搜索引擎收录和排名规则，对网站进行程序、内容、版块、布局等的调整，使网站更容易被搜索引擎收录，在搜索引擎相关关键词的排名中占据有利的位置。

（1）关键词优化。关键字、关键词和关键短语是 Web 站点在搜索引擎结果页面上排序所依据的词。根据站点受众的不同，可以选择一个单词、多个单词的组合或整个短语。关键词优化策略需要注意两个方面，一是关键词选择，即判断页面提供了什么内容；二是判断潜在受众将使用哪些词来搜索你设计的网站。

（2）网站构架完善。优化网站的超链接构架，URL（统一资源定位符）优化：把网站的 URL 优化成权重较高的 URL。网站内部页面之间相互的链接，对排名也是有帮助的。

（3）网站内容策略。网站内容越专业丰富，用户体验感越好，搜索引擎也喜欢。增加部分原创内容会让搜索引擎更快地查找到。

（4）网页细节的优化和完善。按照 SEO 的标准，把网站的所有 title 和 meta 标签进行合理的优化和完善，以达到合理的状态。网页排版的突出规划化，在网页中合理地突出核心关键词。

（5）建立好的导航。用链接和好的导航将网站用户引导到站点的深处，不然进入这个页面的用户不容易在站点中走得更远。

（6）尽可能少使用 Flash 和图片。如果在站点的重要地方使用 Flash 或图片，会对搜索引擎产生不良影响，搜索引擎蜘蛛无法抓取 Flash 或图片中的内容。HTML5 基本上不支持使用 Flash 文件了。

10-3-8 网站推广

1. 按范围分类

对外推广是指针对站外潜在用户的推广，主要是通过一系列手段针对潜在用户进行营销推广，以达到增加网站 PV、IP、会员数或收入的目的；而对内的推广，是指专门针对网站内部的推广，比如如何增加用户浏览频率、如何激活流失用户、如何增加频道之间的互动等。例如，同一企业集团下面有几个不同域名的网站，如何让这些网站之间的流量转化、如何让网站不同频道之间的用户互动，这些都是对内推广的重点。

2. 按投入分类

付费推广是指需要花钱才能进行的推广，如各种网络付费广告、竞价排名、杂志广告、CPM、CPC 广告等；免费推广是指在不用额外付费的情况下直接进行推广，如论坛推广、资源互换、软文推广、邮件群发等。

3. 按渠道分类

线上推广是指基于互联网的推广方式，如网络广告、论坛群发、微博微信等；线下推广是指通过非互联网渠道进行的推广，如地面活动、户外广告等。

4. 按手段分类

常规手段是指一些良性的、非常友好的推广方式，如正常的广告、软文等；非常规手段是指一些恶性的、非常不友好的方式，如群发邮件、恶意网页代码，甚至在软件中插入病毒等。

5. 按目的分类

有些品牌推广以建立品牌形象为主，一般都用常规的方法，如付费广告、链接分享；有些是以提升流量为主的推广；有些是以增加收入为主，通常会配合销售人员来做；还有些推广以增加会员注册量为主，通过有奖注册、分享送礼等激励手段来进行推广。

网站的维护是网站后期的主要任务，为了在瞬息万变的信息社会中抓住更多的网络商机，网站的维护是必不可少的。网站的维护一方面有网站基础维护，主要包括网站域名维护和域名续费，需要留意域名的到期时间、网站空间是否正常运行、空间容量是否够用等；另一方面是网站内容维护，网站只有不断地更新内容，才能保证网站有足够的生命力。网站内容丰富和充实才可能吸引更高的单击率。此外，还有网站安全的维护、网站安全方面的维护，可以从以下几个方面着手。

（1）设置防火墙，做好安全策略，拒绝恶意攻击。

（2）安装防病毒软件。

（3）建立双机热备份机制。

（4）及时下载补丁修复系统漏洞。

10-4 项目实施

用 Dreamweaver 直接发布站点

（1）用 Dreamweaver 为用户发布网站，首先需要设置远程站点。

（2）选择"站点"|"管理站点"|"编辑当前选定的站点"命令，在弹出的对话框左侧选择"服务器"选项，选择右侧的站点，选中"远程"和"测试"复选框，单击下面的"编辑现有服务器"按钮，具体设置效果如图 10-2 所示。

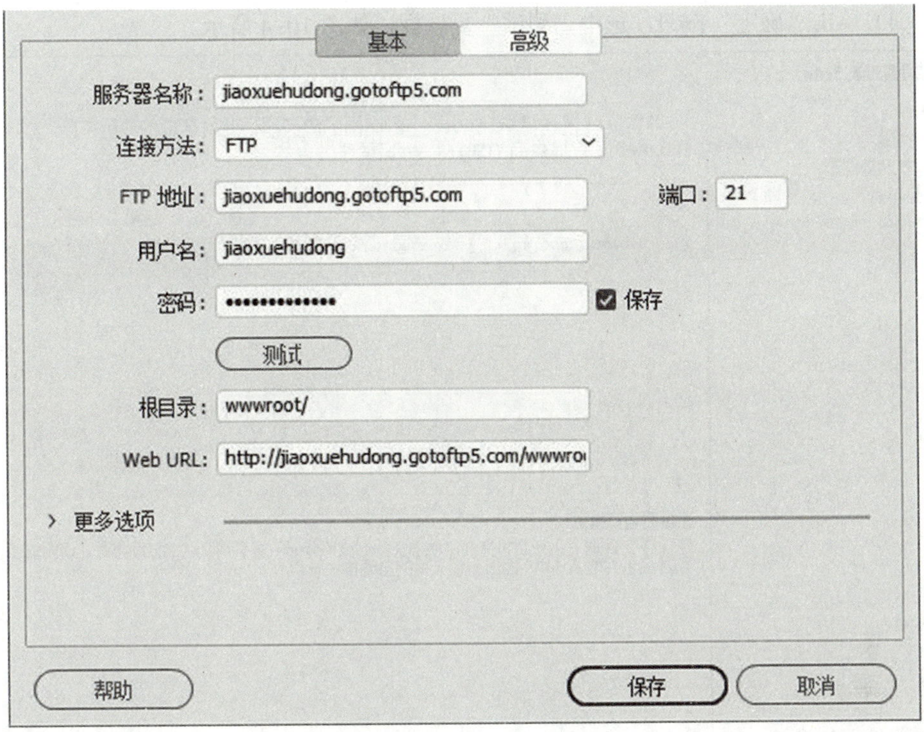

图 10-2　服务器设置

（3）单击"测试"按钮进行连接测试，效果如图 10-3 所示。

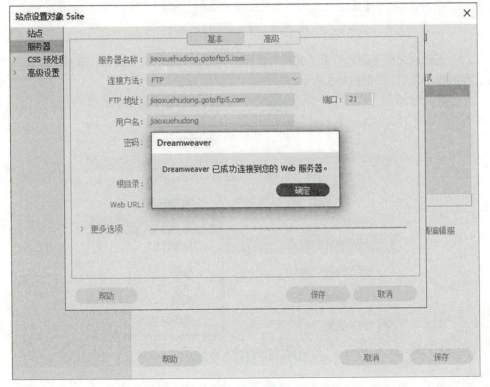

图 10-3　连接测试对话框

（4）单击"确定"按钮，选中"测试"复选框，如图10-4所示。

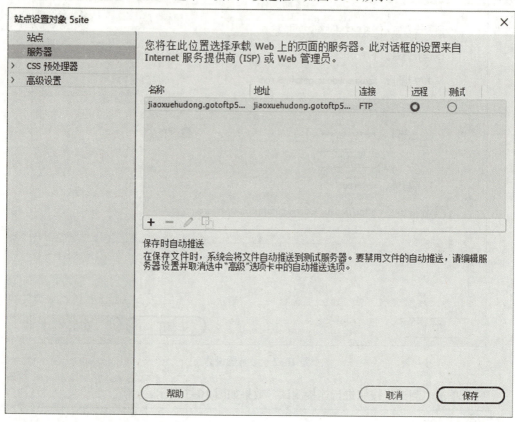

图10-4　服务器测试设置

（5）连接网站服务器，打开"文件"面板，单击右上角的三角按钮，选择"查看"|"展开文件面板"命令，如图10-5所示。

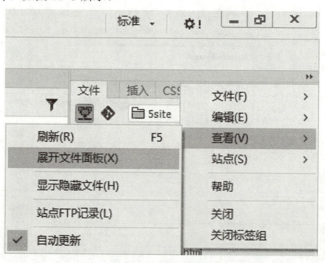

图10-5　展开文件面板

（6）单击"连接到远端主机"按钮，左边部分为远程服务器上的文件，右边为本地文件，如图 10-6 所示。

（7）在右侧的本地文件中选择要上传的文件，单击工具栏中的"上传文件"按钮，即可将文件上传到服务器。上传完成后，可在左侧显示上传的文件。

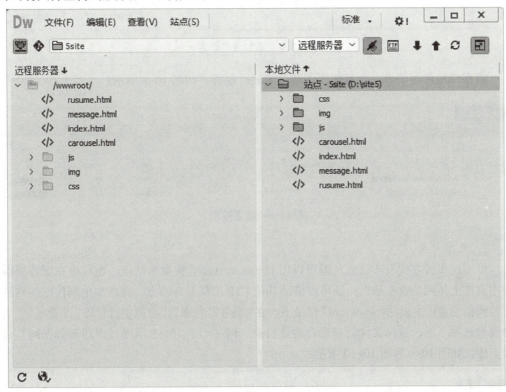

图 10-6 "连接到远端主机"

10-5 进阶提高

为了进一步了解网站制作的基本流程，通过给实例申请域名、租用空间和上传网站等步骤，了解网站的后期制作。

1．申请域名和租用服务器

下面以服务提供商"西部数码网"为例说明整个过程。打开服务提供商"西部数码网"首页，注册用户名后登录，申请域名"jiaoxuehudong.cn"和租用服务器，这部分操作需要支付一定费用。申请成功后将收到邮件提示：

您的订单 12521783（体验型主机）已受理并开设完成
————————————————————————
域名请做别名（cname）解析至：jiaoxuehudong.gotoip1.com
上传地址：jiaoxuehudong.gotoftp1.com
ftp 账号：jiaoxuehudong
ftp 密码：＊＊＊＊＊＊＊＊＊＊＊＊
赠送二级域名： jiaoxuehudong.gotoip1.com

通常网站没有通过审核的域名是不能正常使用的,当收到通知备案通过的邮件后,可绑定域名"jiaoxuehudong.cn",如图10-7所示。

图10-7 添加域名绑定

根据邮箱标题信息,在西部数码网设置域名解析,如图10-8所示。

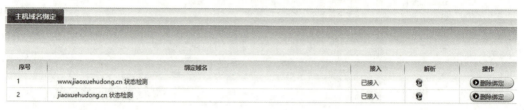

图10-8 域名解析

2. 发布站点

可通过多种方式发布站点,即可以用Dreamweaver直接发布站点,也可以在服务提供商中直接上传网站发布站点,还可以借助其他FTP工具发布站点。将在本地制作好的网站上传到租用虚拟主机的"wwwroot"目录下。在"服务器管理"|"虚拟主机管理"|"管理"|"文件管理选项"下,选择文件管理查看站点目录。网站小于10MB可通过"西部数据网"直接上传,如图10-9和图10-10所示。

图10-9 网站文件管理效果

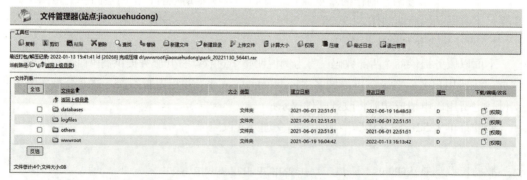

图10-10 文件管理器页面效果

3. 生成二维码

要生成二维码的图像,可以借助在线二维码生成器或生成软件、借助用浏览器直接生成或手动编辑代码等方式实现。当使用在线二维码生成器生成时,只需在网页书签中输入申请的域名,即可查看二维码图像,在线二维码生成器效果如图10-11所示。

如果借助火狐浏览器生成时,可直接在浏览器的地址栏中输入网站的域名,在地址栏右侧单击二维码小图标,即可显示当前网站的二维码图像,如图10-12所示。

图10-11 在线二维码生成器效果图

图10-12 火狐浏览器生成二维码效果图

10-6 课后练习

一、单选题

1. 下列不属于付费推广的方式的是（　　）。
   A. 邮件群发　　　　　　　　B. 竞价排名
   C. 杂志广告　　　　　　　　D. 网络付费广告

2. 针对企业网站的分析，对相关的关键词，在搜索引擎做一下优化，可以排在各大搜索的前面，可以提高企业单击率是指（　　）。
   A. 搜索引擎优化　　　　　　B. 友情链接
   C. 微信推广　　　　　　　　D. 博客

3. 在宣传的图片上打上企业的水印，再发布到其他的地方和别的网站转载属于（　　）。
   A. QQ群共享　　　　　　　　B. 资料水印
   C. 视频水印　　　　　　　　D. 图片水印

二、多选题

1. 可从以下（　　）方面着手进行网站的维护。
   A. 网站基础维护　　　　　　B. 网站内容维护
   C. 网站安全维护　　　　　　D. 以上都不对

2. 网站安全方面的维护包括以下（　　）方面。
   A. 设置防火墙，做好安全策略，拒绝恶意攻击
   B. 安装防病毒软件
   C. 建立双机热备份机制
   D. 及时下载补丁修复系统漏洞

三、判断题

1. 在发布网站之前，应该测试一下所有的超级链接，判断是否有无效的超链接、空链接等，避免出现网页已经从网站中删除了的现象。（　　）

2. 网站测试是发布前的准备工作，通过测试可以了解网站的所有组成部分是否能够正常工作。（　　）

3. 设置友情链接对网站也可以带来相关的流量和排名。（　　）

4. 在服装或一些赠品上印有企业的网址是线下推广方式。（　　）

5. 一个完整的网站从最初的构想到完成，通常会经历网站规划、申请域名、网站备案、购租用服务器、制作网站、网站测试、上传网站、优化网站和推广网站的过程。（　　）

四、请参照上面网站制作的相关步骤和流程，将自己制作完成的网站进行发布。

参考文献

[1] 赵建保. HTML5+CSS3 网页设计与布局模式项目教程[M]. 大连：东软电子出版社，2017.
[2] 陈学平. 网站建设与管理[M]. 北京：电子工业出版社，2019.
[3] 臧文科. 网站建设与管理[M]. 北京：清华大学出版社，2012.
[4] 李建忠. 电子商务网站建设与维护[M]. 北京：清华大学出版社，2014.
[5] 谢冠华. HTML5+CSS3 网页布局项目化教程[M]. 北京：中国铁道出版社，2017.